依托项目：青海省重大科技专项（2018-SF-A4）

HUANGSHUI
LIUYU

SHUIHUANJING KONGJIAN
ZONGHE GUANKONG YANJIU

# 湟水流域
## 水环境空间
## 综合管控研究

何跃君　王凌青　邓　黎／著

中国环境出版集团·北京

**图书在版编目（CIP）数据**

湟水流域水环境空间综合管控研究 / 何跃君，王凌青，
邓黎著 . —北京：中国环境出版集团，2022.8

ISBN 978-7-5111-5258-9

Ⅰ . ①湟… Ⅱ . ①何… ②王… ③邓… Ⅲ . ①河流—
区域水环境—环境管理—青海 Ⅳ . ① X321.244 ② TV213.4

中国版本图书馆 CIP 数据核字（2022）第 149937 号

出 版 人 武德凯
责任编辑 李恩军
封面设计 彭 杉

出版发行 中国环境出版集团
（100062 北京市东城区广渠门内大街 16 号）
网 址：http://www.cesp.com.cn.
电子邮箱：bjgl@cesp.com.cn.
联系电话：010-67112765（编辑管理部）
010-67112736（第五分社）
发行热线：010-67125803，010-67113405（传真）
印 刷 北京中献拓方科技发展有限公司
经 销 各地新华书店
版 次 2022 年 8 月第 1 版
印 次 2022 年 8 月第 1 次印刷
开 本 787×1092 1/16
印 张 17
字 数 400 千字
定 价 100.00 元

【版权所有。未经许可，请勿翻印、转载，违者必究】
如有缺页、破损、倒装等印装质量问题，请寄回本集团更换。

**中国环境出版集团郑重承诺：**
中国环境出版集团合作的印刷单位、材料单位均具有中国环境标志产品认证。

# 编著委员会

主　编：何跃君

副主编：王凌青　　邓　黎

编　委：白　辉　　李广英　　陈　岩　　巢世军

　　　　杜敏洁　　吴向楠　　赵炎鑫　　陈雨欣

　　　　徐若鹏　　王雨萌　　牛红杰　　肖思源

　　　　李文涛

　　黄河发源于青藏高原巴颜喀拉山北麓，呈"几"字形流经青海、四川、甘肃、宁夏、内蒙古、山西、陕西、河南、山东9省（区），全长5 464 km，是我国第二长河。黄河流域西接昆仑、北抵阴山、南倚秦岭、东临渤海，横跨东、中、西部，是人口活动和经济发展的重要区域；横跨青藏高原、内蒙古高原、黄土高原、华北平原等四大地貌单元和我国地势三大阶梯，拥有黄河天然生态廊道和三江源、祁连山、若尔盖等多个重要生态功能区域，是我国重要的生态安全屏障。黄河流域青海段（以下简称黄河流域）地处黄土高原和青藏高原的过渡带，行政区覆盖西宁市、海东市、海北藏族自治州、海南藏族自治州、黄南藏族自治州、果洛藏族自治州全部区域及海西蒙古族藏族自治州、玉树藏族自治州部分区域，共35个县（区），在国家发展大局和社会主义现代化建设全局中具有举足轻重的战略地位。

　　湟水河是黄河在青海境内极为重要的一级支流，发源于青海省海北藏族自治州海晏县包呼图河北部的洪呼日尼哈，跨海北藏族自治州、西宁市和海东地区，流经海晏、湟源、湟中、西宁、互助、平安、乐都、民和，最后于甘肃省永靖县境内流入黄河。湟水河是青海的母亲河，干流全长374 km，青海境内长349 km，落差3 566 m，河宽30～100 m，沿途接纳了大小支流100余条，多年天然径流量为21.3亿 m³，平均流量为67.54 m³/s。湟水流域总面积32 863 km²，在青海省境内（不含大通河流域）的流域面积为16 005 km²，占全省总面积的2.2%。湟水流域是青海省人口最集中的多民族聚居区，在青海经济发展中起着龙头和中心作用。湟水流域集饮用水、工业用水、灌溉用水、纳污及景观休闲等多功能于一体，是青海人民赖以生存和发展的重要基础。全省近60%的人口、55%的耕地和70%以上的工矿企业分布于湟水流域，粮食产量占全省的65%，工业产值占全省的70%。湟水流域在高质量发展的同时也在不断地消耗自然资源，并使水环境和生态环境不断受到影响。

水环境空间综合管控旨在通过统筹流域生产、生活、生态，系统推进流域水污染防治、水生态保护和水资源管理，综合施策、多管齐下，维护山水林田湖草沙生命共同体，提升治理措施的精准性和环境效益，改善水环境质量，维护流域生态功能，保障水资源安全，实现流域可持续发展。近年来，随着青海省经济建设的快速发展，湟水流域水环境问题依然严峻，主要表现为流域水生生态环境还很脆弱，河流径流量减少，自净能力减弱，河流水质受到以氨氮有机物为主的复合污染物污染，大大降低了水体的使用价值和功能；湟水两岸陆生生态环境受到破坏和干扰，水土流失加剧，生物多样性不断减少，局部地区时有地质灾害发生。同时，受全球气候变化等综合因素的影响，湟水支流枯水频次增加，沿湟城镇的饮水、工农业生产等均受到了较大不利影响。加强湟水流域水环境综合管控，有利于推进青海省以良好生态、绿色生活引领经济绿色循环低碳发展，同时也是贯彻落实科学发展观、转变经济发展方式、提高发展质量的具体行动。

流域水环境分区分类管控满足我国生态文明建设、水污染防治行动计划实施的流域管理方案体系，体现了水功能区、生态功能区和主体功能区等在流域单元上的落实，是实施水质目标精细化管理、实现水环境空间管控的重要手段。水环境空间管控是实现单一水质目标管理向水生态管理、目标总量控制向容量总量控制转变的重要手段，对于实现国家水环境管理转型具有重要意义，可应用于我国流域水污染防治规划、流域生态环境监测体系构建、流域考核等环保部门管理工作中，有利于我国流域水环境质量的提升。

本书基于全面改善湟水流域水环境质量，提升水生态系统功能的目标，深入分析了湟水流域水环境在空间尺度的保护理论和实践应用等问题，共分六章。第 1 章简要概述了青海省湟水流域的自然概况、水资源状况、水污染物排放、水环境质量和河流泥沙状况；第 2 章针对水质监测断面布设、控制单元划分、功能区优化调整和水环境管控体系的构建进行分析；第 3 章结合"三线一单"和"三区三线"对湟水流域的生态环境分区管控体系进行了调整和修正；第 4 章梳理了湟水流域入河排污口的设置和管理策略；第 5 章针对青海省湟水流域监测体系建设的必要性、建设需求、建设方案进行了分析；第 6 章针对水环境优先保护区、重点管控区和一般管控区的保护要求进行了总结。本书编写过程中，得到了青海省及西宁市、海东市等相关资源管理部门的大力支持，在此表示由衷感谢。由于作者水平有限，本书研究成果仅供相关部门、单位和社会有关方面工作人员在工作中参考。

作　者

# 目  录

# 第1章

## 湟水流域水环境基础条件

湟水流域湟水河是黄河上游极为重要的一级支流，发源于青海省海北州海晏县包呼图河北部的洪呼日尼哈，自西向东流经海晏、湟源、湟中、西宁、互助、平安、乐都、民和，在甘肃省永靖县傅子村注入黄河，全长为 374 km，青海省境内河长为 349 km，养育了青海省约 60% 的人口。青海省境内（不含大通河流域）的湟水流域面积为 1.60 万 km²，海拔高度为 1 576～5 142 m，多年平均年径流量为 21.30 亿 m³。湟水干流、南川河、北川河等西宁城市河段以全流域 25% 左右的纳污能力承载了全流域约 80% 的入河污染负荷，存在重点河段水质问题突出、流域排污口基数大、污染物类型多和浓度高、干流及部分支流枯水期生态流量不足等问题。

## 1.1  自然概况

### 1.1.1  地理位置

黄河流域地处黄土高原和青藏高原的过渡带，行政区覆盖西宁市、海东市、海北藏族自治州、海南藏族自治州、黄南藏族自治州、果洛藏族自治州全部区域及海西蒙古族藏族自治州、玉树藏族自治州部分区域，共 35 个县（区），如表 1-1 所示。

表 1-1  黄河流域行政区域一览表

| 干、支流 | 涉及市州 | 县级行政区个数/个 | 县级行政区名称 |
|---|---|---|---|
| 干流流经范围（16 县区） | 玉树藏族自治州 | 1 | 曲麻莱县 |
| | 果洛藏族自治州 | 5 | 玛多县、玛沁县、达日县、甘德县、久治县 |
| | 黄南藏族自治州 | 2 | 尖扎县、河南县 |
| | 海南藏族自治州 | 5 | 同德县、兴海县、贵南县、共和县、贵德县 |
| | 海东市 | 3 | 化隆县、循化县、民和县 |

| 干、支流 | 涉及市州 | 县级行政区个数 / 个 | 县级行政区名称 |
|---|---|---|---|
| 支流流经范围（19 县区） | 果洛藏族自治州 | 1 | 班玛县 |
| | 玉树藏族自治州 | 1 | 称多县 |
| | 海西蒙古族藏族自治州 | 1 | 天峻县 |
| | 黄南藏族自治州 | 2 | 同仁县、泽库县 |
| | 海北藏族自治州 | 4 | 海晏县、祁连县、门源县、刚察县 |
| | 海东市 | 3 | 平安区、互助县、乐都区 |
| | 西宁市 | 7 | 城东区、城中区、城西区、城北区、湟中区、大通县、湟源县 |

湟水河是青海省东北部最主要河流，也是黄河上游的重要支流之一。流域处于青藏高原与黄土高原过渡地带上。西起日月山，与青海湖内陆水系相接，北依祁连山，和河西走廊内陆水系相邻，南以拉脊山为界，与黄河干流水系相邻，东连甘肃省黄河支流庄浪河水系。湟水干流水系位于流域的南部，河谷宽阔，属于西北黄土高原区。最大支流大通河在流域的北部，贯穿于祁连山和达坂山之间，地势高，流域呈条状，河长和流量大于湟水干流，形成了两种截然不同的自然景观共处于一个流域的独特格局。湟水流域（不含大通河流域）包括海北藏族自治州（海晏县），西宁市（城东区、城中区、城西区、城北区、大通回族土族自治县、湟中、湟源县），海东市（平安区、互助土族自治县、乐都区、民和回族土族自治县），共计 3 个市（州）12 县（市、区）（表 1-2、图 1-1）。

表 1-2　湟水流域行政区域一览表

| 涉及市州 | 县级行政区个数 / 个 | 县级行政区名称 |
|---|---|---|
| 海北藏族自治州 | 1 | 海晏县 |
| 西宁市 | 7 | 城东区、城中区、城西区、城北区、大通回族土族自治县、湟中、湟源县 |
| 海东市 | 4 | 平安区、互助土族自治县、乐都区、民和回族土族自治县 |

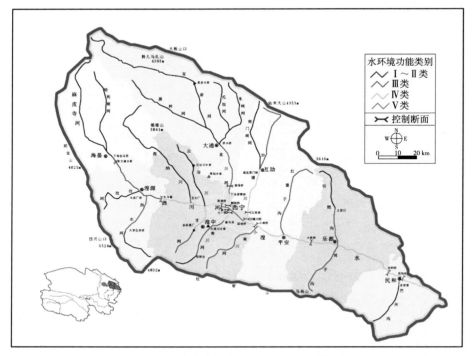

图 1-1　湟水流域水环境水质规划目标图

　　湟水流域是青海省政治、经济、文化中心和工农业生产基地，是省内气候条件较好、经济最发达的地区。它东接兰州，西通柴达木盆地，南连川藏，北达河西走廊，地理位置极为重要，在柴达木盆地开发和青海经济发展中占着"强东拓西"的战略位置，肩负着经济建设与战略转移的重任，是国家开发大西北的重要基地之一。

## 1.1.2　地形地貌

　　黄河流域地貌类型多样，流域内地貌以山地、丘陵和盆地为主，兼具青藏高原、内陆干旱盆地和黄土高原三种地貌类型，形成了"六山两平、一丘一台、半分田"的地貌形态格局。地势西高东低，最高点阿尼玛卿山主峰玛卿岗日，海拔 6 282 m，最低点民和县大河家，海拔 1 650 m。上游区域以高原山地为主，相对高差 1 500～2 000 m；中游区域流经共和盆地，属高原滩地，海拔介于 2 200～3 600 m，地势开阔平坦；下游黄河谷地位于黄土高原、青藏高原的交错地带，谷地呈宽窄交替、盆峡相间的串珠式地貌形态。

湟水流域地处青藏高原东北边缘，是青藏高原和黄土高原的过渡带。整体地势西北高、东南低。流域内地形多变，有高山、中山、黄土覆盖的低山丘陵和河谷盆地，古老地基局部隆起抬升形成峡谷，分隔了中生代断陷盆地，各盆地呈串珠展布。河流上游以峡谷居多，中下游以宽谷为主。

湟水干流南北两岸，支沟发育，地形切割破碎，支沟之间为黄土或石质山梁，沟底与山梁顶部高差一般在 400 m 以上，山坡较陡。山梁平地较少，多为坡地，地表大部分为疏松的黄土覆盖于第三纪红土层之上。河谷海拔高程在 1 920～2 400 m，两岸有宽阔的河谷阶地，当地称为川水地区，水热条件较好，农业生产历史悠久，是青海省东部地区的主要农业区。河谷两侧为海拔高程 2 200～2 700 m 的丘陵和低山地区，当地称为浅山地区，分布有大量的旱耕地。靠近南北分水岭海拔 2 700 m 以上山区，当地称为脑山地区，气候阴冷潮湿，有少量的旱耕地（图 1-2）。

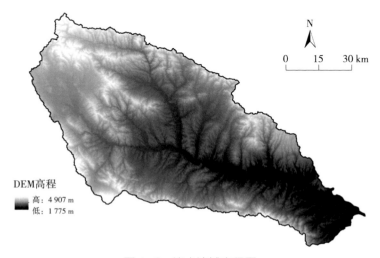

图 1-2　湟水流域高程图

### 1.1.3　气候特征

黄河流域属于典型的高原大陆性气候区，年平均气温 -3.9（玛多）～8.6℃（民和中川）；年降水量 258.8（贵德）～747 mm（久治）；年蒸发量 1 118.4（玛沁）～2 169.9 mm（循化）；年日照时数 2 270（兴海）～2 919.7 小时（共和）；年太阳总辐射量为 5 650（河南）～6 710 MJ/m²（曲麻莱县麻多乡），光能资源丰富；≥0℃积温 756（玛多）～3 250℃（尖扎）；无霜期 0～200 d；年平均风速 1.5～3.3 m/s，最大风速 16.0～40 m/s。气候特征可概括为太阳辐射强、光照充足，平均气温低、日较差大，降水量少、地域差异大，气象灾害多、危害较大，气温随海拔升高而降低、降水随海拔升高而升高。

湟水流域深居内陆，水汽入境途中高山阻隔，水汽主要来自印度洋孟加拉湾上空的西南暖湿气流和太平洋的东南季风，属于高原干旱、半干旱的大陆性气候，气候垂直变化明显，从西向东海拔逐步降低，气温随之升高。总体特征是高寒、降水量少、日照时间长、太阳辐射强、昼夜温差大。多年平均降水量在 300～500 mm，降水呈现明显的时空分配不均，降水一般随海拔的升高，由河谷向两侧山区递增，河谷地区一般在 300～400 mm，山区则达到 500～600 mm，个别地区甚至达到 700 mm。多年平均水面蒸发量在 800～1 000 mm，自东南向西北逐渐减少，河谷地区多年平均水面蒸发量在 1 000 mm，而山区则为 800～900 mm。川水地区多年平均气温 2.7～7.9℃，是省内最暖地区之一。脑山地区海拔高，属高寒半湿润山地气候，年平均气温为 1℃左右。流域内多年平均日照时数为 2 576～2 776 小时。

### 1.1.4　河流水系

黄河流域水系发育，河源区沼泽广布，湖泊众多，多年平均水资源总量为 208.49 亿 m³，占全省的 1/3，多年平均出境水量占黄河总流量的49.40%；水质达到国家Ⅱ类标准，供水量 14.42 亿 m³，农业用水量最大，占总用水量 14.40 亿 m³ 的 69.55%，耗水量 7.27 亿 m³，低于国务院分配指标，有力支持了黄河中下游省区的发展；集水面积 500 km² 以上的一级支流共 42 条，湟水为最大的支流。黄河流域干流有龙羊峡、拉西瓦、李家峡、公伯峡和积石峡共 5 个大型水库，2018 年蓄水量 272.59 亿 m³。沿黄区水力资源丰富，并具有良好的开发条件，可开发 1 万 kW 以上的水电站站址有 57 处，装机容量 1 728.32 万 kW，年发电量可达 654.16 亿 kW·h。

湟水流域源于祁连山系大坂山南麓，上游正源为麻皮寺河，在海晏与支流哈利涧汇合后称西川河，流经湟源进入西宁盆地，与最大的支流北川河相汇后，南接南川河，北纳沙塘川河，穿过小峡、大峡、老鸦峡，在民和县享堂与大通河汇合后，入甘肃省永登县境内注入黄河。湟水流域河网密度为 0.153 km/km²，海晏至民和的河道平均坡度为 5.3%～14.8%，河道弯曲率为 1.07～1.34。两岸支流发育，水系呈树叶状分布，河流不均匀系数为 0.9。据统计，湟水流域一级支流共有 78 条，南岸主要支流有药水河、大南川、小南川、白沈家沟、岗子沟、巴州沟、隆治沟等，北岸主要支流有哈利涧河、西纳川、云谷川、北川河、沙塘川、哈拉直沟、红崖子沟、引胜沟等（图 1-3）。

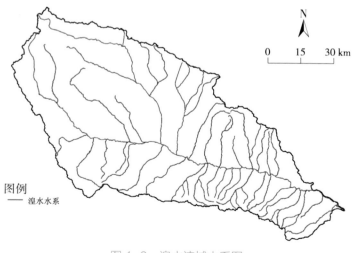

图 1-3　湟水流域水系图

### 1.1.5　土壤与植被

黄河流域内国土面积为 27.78 万 km²，其中，农用地为 24.45 万 km²，占流域总面积的 88.01%；建设用地为 0.18 万 km²，占流域总面积的 0.65%；未利用地为 3.15 万 km²，占流域总面积的 11.34%。农用地中，76.23% 为牧草地，12.69% 为林地，2.11% 为耕地。建设用地中，69.43% 为城乡建设用地，30.57% 为交通水利设施及其他用地。土地利用结构呈现明显地区差异，56.13 的建设用地、11.12% 的农用地集中于河湟谷地，38.47% 的未利用地分布于黄河源区。流域内土壤类型丰富，主要存在 20 个土壤类型，黄河上游主要为草毡土、寒钙土，中下游主要为黑毡土、栗钙土，土壤分布呈典型高原土壤垂直带谱特征。

湟水流域的河谷盆地、河漫滩，土壤主要为熟化程度较高的灌淤型栗钙土，其次是灌淤型灰钙土，还有少量的潮土、草甸土、盐土和新积土；浅山区主要为淡栗钙土和灰钙土，母质以黄土、第三纪红土为主，质地为粉砂壤、轻壤或黏壤土质，有机质含量 1% 左右，土壤肥力偏低；脑山区主要为暗栗钙土、黑钙土，有机质含量 1%～6%，土壤肥力较好。

湟水流域的植物区系是在兼具温性、寒温和高寒类型的生态环境下逐渐形成的。湟水流域的植被主要有寒温性常绿针叶林、暖温性常绿针叶林、落叶阔叶混交林、温性落叶灌木林、高寒落叶灌木林、常绿革质叶高寒灌木林、温性草原植被、高寒草甸植被以及河谷和山地杂类草草甸植被、高山流石坡稀疏植被，另外还有较大面积的人工林和农业植被。

## 1.2 水资源情况

### 1.2.1 黄河流域

2020 年，青海省黄河流域计算面积为 152 250 km²，天然年径流量为 325.54 亿 m³，上年径流量为 318.91 亿 m³，多年平均径流量为 206.80 亿 m³，与上年比较增加了 2.1%，与多年平均比较增加了 57.4%。其中，龙羊峡以上流域计算面积为 104 946 km²，天然年径流量为 226.53 亿 m³，上年径流量为 215.19 亿 m³，多年平均径流量为 137.10 亿 m³，与上年比较增加了 5.3%，与多年平均比较增加了 65.2%。龙羊峡至兰州段流域计算面积为 47 304 km²，天然年径流量为 99.01 亿 m³，上年径流量为 103.72 亿 m³，多年平均径流量为 69.70 亿 m³，与上年比较降低了 4.5%，与多年平均比较增加了 42.1%。青海省湟水流域计算面积为 16 005 km²，天然年径流量为 31.10 亿 m³，上年径流量为 32.34 亿 m³，多年平均径流量为 21.30 亿 m³，与上年比较降低了 3.8%，与多年平均比较增加了 48.1%。2020 年青海省黄河流域分区地表水资源量及变化情况见表 1-3。

表 1-3　2020 年青海省黄河流域分区地表水资源量及变化情况

| 流域分区 | | 计算面积/ km² | 天然年径流量/ | | 上年径流量/ 亿 m³ | 多年平均径流量/ 亿 m³ | 与上年比较/ ±% | 与多年平均比较/ ±% |
| 一级区 | 二级区 | | 亿 m³ | mm | | | | |
|---|---|---|---|---|---|---|---|---|
| 黄河流域 | | 152 250 | 325.54 | 213.8 | 318.91 | 206.80 | 2.1 | 57.4 |
| | 龙羊峡以上 | 104 946 | 226.53 | 215.9 | 215.19 | 137.10 | 5.3 | 65.2 |
| | 龙羊峡至兰州 | 47 304 | 99.01 | 209.3 | 103.72 | 69.70 | -4.5 | 42.1 |
| | 其中：湟水 | 16 005 | 31.10 | 194.3 | 32.34 | 21.30 | -3.8 | 48.1 |

2020 年，青海省地表水入境水量中黄河流域为 109.87 亿 m³，全省地表水出境水量中黄河流域为 422.65 亿 m³。

2020 年，青海省黄河流域计算面积为 152 250 km²，年降水量为 862.2 亿 m³，地表水资源量为 325.54 亿 m³，地下水资源量为 138.74 亿 m³，地下水与地表水非重复量为 0.83 亿 m³，分区资源水总量为 326.37 亿 m³。其中，龙羊峡以上流域计算面积为 104 946 km²，年降水量为 604.5 亿 m³，地表水资源量为 226.53 亿 m³，地下水资源量为 92.36 亿 m³，地下水与地表水非重复量为 0.50 亿 m³，分区水资源总量为 227.03 亿 m³。龙羊峡至兰州流域计算面积为 47 304 km²，年降水量为 257.7 亿 m³，地表水资源量为 99.01 亿 m³，地下水资源量为 46.38 亿 m³，地下水与地表水非重复量为 0.33 亿 m³，分区资源总量为 99.34 亿 m³。青海省湟水流域计算面积为 16 005 km²，年降水量为 91.0 亿 m³，地表水资源量为 31.10 亿 m³，地下水资源量为 15.64 亿 m³，地下水与地表水非重复量为 0.23 亿 m³，分区水资源总量为 31.33 亿 m³。2020 年青海省黄河流域分区降水资源量情况见表 1-4。

表 1-4　2020 年青海省黄河流域分区降水资源量情况

| 流域分区 | | 计算面积 / km² | 年降水量 / 亿 m³ | 地表水资源量 / 亿 m³ | 地下水资源量 / 亿 m³ | 地下水中与地表水非重复量 / 亿 m³ | 分区水资源总量 / 亿 m³ |
|---|---|---|---|---|---|---|---|
| 一级区 | 二级区 | | | | | | |
| | | 152 250 | 862.2 | 325.54 | 138.74 | 0.83 | 326.37 |
| 黄河流域 | 龙羊峡以上 | 104 946 | 604.5 | 226.53 | 92.36 | 0.50 | 227.03 |
| | 龙羊峡至兰州 | 47 304 | 257.7 | 99.01 | 46.38 | 0.33 | 99.34 |
| | 其中：湟水 | 16 005 | 91.0 | 31.10 | 15.64 | 0.23 | 31.33 |

2020 年，青海省供水量 13.26 亿 m³，其中，地表水供水量 10.79 亿 m³，地下水供水量 2.18 亿 m³。

2020 年，青海省黄河流域总用水量 13.26 亿 $m^3$，其中，农田灌溉用水量 6.337 1 亿 $m^3$，占总用水量的 47.8%；林牧渔畜用水量 3.018 4 亿 $m^3$，占总用水量的 22.8%；工业用水量 0.747 5 亿 $m^3$，占总用水量的 5.6%；城镇公共用水量 0.816 6 亿 $m^3$，占总用水量的 6.2%；居民生活用水量 1.582 6 亿 $m^3$，占总用水量的 11.9%；生态环境用水量 0.759 4 亿 $m^3$，占总用水量的 5.7%，具体情况见表 1-5。2020 年全省降水偏丰，用水量较往年有所减少。

2020 年，青海省黄河流域耗水量为 8.43 亿 $m^3$，占总耗水量的 54.0%，其中湟水耗水量 5.24 亿 $m^3$，占总耗水量的 33.5%。黄河流域耗水量为 8.43 亿 $m^3$，按水源划分，地表水耗水量为 7.16 亿 $m^3$，地下水耗水量为 1.06 亿 $m^3$，非常规水源耗水量 0.21 亿 $m^3$。具体情况见表 1-6。

## 1.2.2　湟水流域

湟水是黄河上游左岸一条大支流，发源于大坂山南麓青海省海晏县境，流经西宁市，于甘肃省永靖县傅子村汇入黄河，全长 374 km，流域面积 32 863 $km^2$，其中约有 88% 的面积属青海省，12% 的面积属甘肃省。

湟水流域水资源主要为大气降水补给，多年平均降水量 496.6 mm，与黄河流域平均值相差不大。多年平均天然水资源量为 21.3 亿 $m^3$，平均流速 67.5 $m^3/s$；民和站近十年平均实测径流量 14.96 亿 $m^3$，平均流速 47.4 $m^3/s$。湟水流域人均占有径流量仅为全国平均水平的 30% 左右，水资源量相对贫乏。

湟水流域水资源在地域上的分布规律与降水基本一致，呈现由河谷向山区递增的趋势，径流的地区分布很不均匀。湟水径流量主要来自海晏以下区域。海晏以上径流深最小，仅为 34 mm；海晏—石崖庄为 156 mm；石崖庄—西宁最大，为 167 mm，是海晏以上的 4.9 倍；西宁—民和为 121 mm，支流北川河、引胜沟（山区）年平均径流深达 200 mm。

表1-5　2020年青海省黄河流域分区供用水量

单位：亿 m³

| 流域分区 | | 地表水源供水量 | 地下水源供水量 | 其他水源 | 总供水量 | 农田灌溉用水量 | 林牧渔畜用水量 | 工业用水量 | 城镇公共用水量 | 居民生活用水量 | 生态环境用水量 | 总用水量 |
|---|---|---|---|---|---|---|---|---|---|---|---|---|
| 一级区 | 二级区 | | | | | | | | | | | |
| 黄河流域 | 龙羊峡以上 | 10.79 | 2.18 | 0.29 | 13.26 | 6.34 | 3.02 | 0.75 | 0.82 | 1.58 | 0.76 | 13.26 |
| | 龙羊峡以上 | 1.04 | 0.18 | 0.01 | 1.23 | 0.55 | 0.44 | 0.02 | 0.04 | 0.12 | 0.06 | 1.23 |
| | 龙羊峡至兰州 | 9.75 | 1.99 | 0.28 | 12.02 | 5.79 | 2.58 | 0.73 | 0.78 | 1.46 | 0.70 | 12.03 |
| | 其中：湟水 | 6.45 | 1.84 | 0.28 | 8.57 | 3.60 | 1.90 | 0.66 | 0.65 | 1.15 | 0.60 | 8.57 |

表1-6　2020年青海省黄河流域分区耗水量

单位：亿 m³

| 流域分区 | | 农田灌溉耗水量 | 林牧渔畜耗水量 | 工业耗水量 | 城镇公共耗水量 | 居民生活耗水量 | 生态环境耗水量 | 总耗水量 |
|---|---|---|---|---|---|---|---|---|
| 一级区 | 二级区 | | | | | | | |
| 黄河流域 | 龙羊峡以上 | 4.167 7 | 2.270 1 | 0.312 5 | 0.279 2 | 0.824 8 | 0.575 8 | 8.430 1 |
| | 龙羊峡以上 | 0.358 3 | 0.399 2 | 0.004 3 | 0.012 1 | 0.081 7 | 0.046 6 | 0.902 2 |
| | 龙羊峡至兰州 | 3.809 4 | 1.870 9 | 0.308 2 | 0.267 1 | 0.743 1 | 0.529 2 | 7.527 9 |
| | 其中：湟水 | 2.380 6 | 1.344 4 | 0.290 2 | 0.215 5 | 0.544 7 | 0.461 9 | 5.237 3 |

　　湟水流域径流的年内分配受气候和下垫面条件的综合影响，年内分配不均。径流主要集中于 7—10 月，干流及较大的支流 7—10 月占全年径流量的 70%，每年的 1—2 月，径流量仅占全年径流量 10% 以下。

　　干流站最大年径流与最小年径流之比为 2.75～3.58，支流最大年径流量与最小年径流量之比在 2.7～6.8。上游降水量年际变化小，植被覆盖度高，水源涵养能力强，海晏、黑林、桥头、峡门等站极值比较小；西宁以下各支流，黄土分布面积较广，植被比较稀疏，自然涵蓄能力相对较弱，降水的年际变化相对也大，径流的年际变化也大，巴州沟最大年径流为最小年径流的 6.8 倍，引胜沟为 3 倍，小南川为 5 倍。

　　2020 年，青海省湟水流域计算面积为 16 005 km$^2$，天然年径流量为 31.10 亿 m$^3$，上年径流量为 32.34 亿 m$^3$，多年平均径流量为 21.3 亿 m$^3$，与上年比较降低了 3.8%，与多年平均比较增加了 48.1%。青海省湟水流域年降水量为 91.0 亿 m$^3$，地表水资源量为 31.10 亿 m$^3$，地下水资源量为 15.64 亿 m$^3$，地下水与地表水非重复量为 0.23 亿 m$^3$，分区水资源总量为 31.33 亿 m$^3$。2020 年全省湟水流域总用水量 8.570 1 亿 m$^3$，其中，农田灌溉用水量 3.607 0 亿 m$^3$，占总用水量的 42.1%；林牧渔畜用水量 1.901 3 亿 m$^3$，占总用水量的 22.2%；工业用水量 0.655 0 亿 m$^3$，占总用水量的 7.6%；城镇公共用水量 0.654 2 亿 m$^3$，占总用水量的 7.6%；居民生活用水量 1.146 4 亿 m$^3$，占总用水量的 13.4%；生态环境用水量 0.606 2 亿 m$^3$，占总用水量的 7.1%。2020 年全省降水偏丰，用水量较往年有所减小。2020 年，全省湟水流域耗水量 5.24 亿 m$^3$，占总耗水量的 33.5%，其中农田灌溉耗水量为 2.380 6 亿 m$^3$，占总耗水量的 45.4%；林牧渔畜耗水量为 1.344 4 亿 m$^3$，占总耗水量的 25.7%；工业耗水量为 0.290 2 亿 m$^3$，占总耗水量的 5.5%；城镇公共耗水量为 0.215 5 亿 m$^3$，占总耗水量的 4.1%；居民生活耗水量为 0.544 7 亿 m$^3$，占总耗水量的 10.4%；生态环境耗水量为 0.461 9 亿 m$^3$，占总耗水量的 8.8%。

## 1.3 水污染物排放

### 1.3.1 黄河流域

（1）工业源

根据青海省环境统计数据，黄河流域共有工业企业428家，其中涉水工业企业247家。其中，湟水流域有工业企业331家，工业废水排放量1 707.8万t/a，工业源化学需氧量、氨氮和总磷排放量分别为6 675.3 t/a、265.3 t/a和4.1 t/a，占全省的23.6%、10.2%和0.6%。黄河流域（不含湟水流域）有工业企业97家，工业废水排放量185.8万t/a，工业源化学需氧量、氨氮和总磷排放量占全省的1.8%、0.7%和0.3%。青海省黄河流域工业源负荷排放情况见表1-7。

表1-7 青海省黄河流域工业源负荷排放情况

| 流域 | 工业企业个数/个 | 工业废水排放量/（万t/a） | 化学需氧量排放量/（t/a） | 氨氮排放量/（t/a） | 总磷排放量/（t/a） |
|---|---|---|---|---|---|
| 黄河流域（不包括湟水流域范围） | 97 | 185.8 | 503.6 | 17.0 | 2.1 |
| 湟水流域 | 331 | 1 707.8 | 6 675.3 | 265.3 | 4.1 |

各地市（州）中，海西蒙古族藏族自治州工业源化学需氧量排放量最高，为21 071.9 t/a，占全省的74.4%；其次为海东市，工业源化学需氧量排放量4 647.0 t/a，占全省的16.4%；再次为西宁市，工业源化学需氧量排放量2 038.3 t/a，占全省的7.2%。海北藏族自治州、海南藏族自治州、黄南藏族自治州、果洛藏族自治州等市（州）工业源化学需氧量排放量占比均低于1.0%。海西蒙古族藏族自治州工业源氨氮排放量最高，为2 295.1 t/a，占全省的88.7%；其次为西宁市，工业源氨氮排放量198.4 t/a，占全省的

7.7%；再次为海东市，工业源氨氮排放量 65.6 t/a，占全省的 2.5%。海北藏族自治州、海南藏族自治州、黄南藏族自治州、果洛藏族自治州等市（州）工业源氨氮排放量占比均低于 0.5%。海西蒙古族藏族自治州工业源总磷排放量最高，为 716.4 t/a，占全省的 99.1%；西宁市、海东市、海北藏族自治州、海南藏族自治州、黄南藏族自治州、果洛藏族自治州等市（州）工业源总磷排放量占比均低于 0.5%。各地市（州）工业源排放情况见表 1-8。

表 1-8　青海省黄河流域各地市（州）工业源排放情况

| 市（州） | 工业企业个数 / 个 | 工业废水排放量 /（万 t/a） | 化学需氧量排放量 /（t/a） | 氨氮排放量 /（t/a） | 总磷排放量 /（t/a） |
|---|---|---|---|---|---|
| 西宁市 | 125 | 1 563.8 | 2 038.3 | 198.4 | 3.0 |
| 海东市 | 210 | 130.4 | 4 647.0 | 65.6 | 1.2 |
| 海西蒙古族藏族自治州 | 140 | 6 251.7 | 21 071.9 | 2 295.1 | 716.4 |
| 海北藏族自治州 | 40 | 105.7 | 67.6 | 14.1 | 0.2 |
| 海南藏族自治州 | 48 | 122.7 | 279.8 | 10.7 | 1.8 |
| 黄南藏族自治州 | 28 | 41.7 | 72.7 | 5.0 | 0.2 |
| 果洛藏族自治州 | 1 | 20.1 | 127.6 | 0.0 | 0.0 |
| 合计 | 592 | 8 236.1 | 28 304.9 | 2 588.9 | 722.8 |

注：玉树藏族自治州无涉水工业企业。

从由西宁市和海东市为主构成的湟水流域主要污染排放行业来看，化学需氧量主要污染来源于淀粉及淀粉制品制造、白酒制造、炼焦，排放量共计 4 221.471 t/a，占全省工业源化学需氧量排放量的 14.9%。氨氮主要污染来源于牲畜屠宰、炼焦、动物胶制造、乳制品制造、白酒制造，排放量共计 172.832 t/a，占全省工业源氨氮排放量的 6.7%。总磷主要污染来源于白酒制造、铝压延加工，排放量共计 3.192 t/a，占全省工业源总磷排放量的 0.4%。

表 1-9　青海省黄河流域各市（州）水环境污染负荷排放重点工业行业

| 市（州） | 主要排放工业行业类型及占比 | | |
| --- | --- | --- | --- |
| | 化学需氧量 | 氨氮 | 总磷 |
| 西宁市 | 炼焦（27%）、其他合成材料制造（17%）、牲畜屠宰（10%）、动物胶制造（10%） | 炼焦（42%）、动物胶制造（18%）、其他合成材料制造（12%） | 铝压延加工（74%） |
| 海东市 | 淀粉及淀粉制品制造（40%）、白酒制造（39%） | 牲畜屠宰（46%）、乳制品制造（18%）、白酒制造（18%） | 白酒制造（81%） |
| 海北藏族自治州 | 烟煤和无烟煤开采洗选（52%）、牲畜屠宰（14%） | 烟煤和无烟煤开采洗选（39%）、其他未列明制造业（22%） | 牲畜屠宰（100%） |
| 黄南藏族自治州 | 铝冶炼（40%）、黏土砖瓦及建筑砌块制造（35%） | 铝冶炼（58%）、黏土砖瓦及建筑砌块制造（29%） | 牲畜屠宰（85%） |
| 海南藏族自治州 | 牲畜屠宰（50%）、铅锌矿采选（20%） | 牲畜屠宰（70%） | 牲畜屠宰（64%） |
| 果洛藏族自治州 | 铜矿采选（100%） | — | — |
| 海西蒙古族藏族自治州 | 无机碱制造（86%） | 无机碱制造（67%） | 原油加工及石油制品制造（90%） |

注：玉树藏族自治州无涉水工业企业。

（2）城镇生活源

①城镇生活污水排放量。

青海省总人口约 600 万人，其中城镇人口 255.6 万人。其中，湟水流域总城镇人口 215.5 万人，占全省的 84.3%，黄河流域（不包括湟水流域范围）内总城镇人口 40.1 万人，占全省的 15.7%。全省黄河流域城镇人口高度集中在西宁市、海东市，西宁市城镇人口 163.4 万人，占全省的 63.9%；海东市城镇人口 52.1 万人，占全省的 18.5%；海北、黄南、海南、果洛、玉树等其余市（州）城镇人口较少。

根据《生活源产排污系数及使用说明》（2011 年修订版）和《青海省用水定额》（DB63/T 1429—2015），青海省城镇生活源负荷排放量依据各市（州）城镇人口及城镇人口产排污系数确定。核算湟水流域内城镇生活源化学需氧量、氨氮和总磷排放量分别为 23 836.6 t/a、4 695.2 t/a、441.9 t/a，分别占全省的 61.9%、70.5% 和 70.8%；黄河流域（不包括湟水流域范围）城镇生活源化学需氧量、氨氮和总磷排放量分别为 7 218.7 t/a、922.0 t/a、97.4 t/a，分别占全省的 18.7%、13.8% 和 15.6%。青海省黄河流域城镇生活源负荷产生和排放情况见表 1-10。

表 1-10　青海省黄河流域城镇生活源负荷产生和排放情况

| 流域 | 城镇人口 / 万人 | 生活污水排放量 / （万 t/a） | 城镇生活源负荷 / （t/a） | | | | | |
|---|---|---|---|---|---|---|---|---|
| | | | 化学需氧量产生量 | 化学需氧量排放量 | 氨氮产生量 | 氨氮排放量 | 总磷产生量 | 总磷排放量 |
| 湟水流域 | 215.5 | 11 891.9 | 47 201.1 | 23 836.6 | 6 136.2 | 4 695.2 | 583.8 | 441.9 |
| 黄河流域（不包括湟水流域范围） | 40.1 | 1 838.1 | 8 593.7 | 7 218.7 | 1 108.5 | 922.0 | 108.5 | 97.4 |

各市（州）中，西宁市城镇生活源排放量最高，全市生活污水排放量 10 131.1 万 t/a，占全省的 54.4%；城镇生活源化学需氧量、氨氮和总磷产生量分别为 35 786.8 t/a、4 652.3 t/a、442.6 t/a，扣除生活污水处理量后，城镇生活源化学需氧量、氨氮和总磷排放量分别为 15 097.8 t/a、3 609.1 t/a、300.7 t/a，分别占全省的 39.2%、54.2%、48.2%。其次是海东市，全市生活污水排放量 1 760.8 万 t/a，占全省的 9.4%；城镇生活源化学需氧量、氨氮和总磷产生量分别为 11 414.3 t/a、1 483.9 t/a、141.2 t/a，扣除生活污水处理量后，城镇生活源化学需氧量、氨氮和总磷排放量分别为 8 738.8 t/a、1 086.1 t/a、141.2 t/a，分别占全省的 22.7%、16.3%、22.6%。海北、黄南、海南、果洛、玉树等市（州）城镇人口较少，城镇生活源排放量较小。各市（州）城镇生活源负荷产生和排放情况见表 1-11。

表 1-11　青海省黄河流域各市（州）城镇生活源负荷产生和排放情况

| 市（州） | 城镇人口/万人 | 生活污水排放量/（万 t/a） | 城镇生活源负荷/（t/a） | | | | | |
| --- | --- | --- | --- | --- | --- | --- | --- | --- |
| | | | 化学需氧量产生量 | 化学需氧量排放量 | 氨氮产生量 | 氨氮排放量 | 总磷产生量 | 总磷排放量 |
| 西宁市 | 163.4 | 10 131.1 | 35 786.8 | 15 097.8 | 4 652.3 | 3 609.1 | 442.6 | 300.7 |
| 海东市 | 52.1 | 1 760.8 | 11 414.3 | 8 738.8 | 1 483.9 | 1 086.1 | 141.2 | 141.2 |
| 海北藏族自治州 | 10.2 | 444.8 | 2 242.6 | 1 748.6 | 291.5 | 232.7 | 27.7 | 27.7 |
| 黄南藏族自治州 | 8.2 | 423 | 1 605.4 | 1 605.4 | 200 | 200 | 22.1 | 22 |
| 海南藏族自治州 | 16.2 | 719.6 | 3 539 | 2 677.7 | 460.1 | 334.4 | 43.8 | 33.4 |
| 果洛藏族自治州 | 5.5 | 250.7 | 1 206.7 | 1 187 | 156.9 | 154.9 | 14.9 | 14.3 |
| 玉树藏族自治州 | 14.3 | 546.5 | 3 122.9 | 3 024.7 | 406 | 397.2 | 38.6 | 37.6 |
| 海西蒙古族藏族自治州 | 36.6 | 4 363.1 | 8 004.5 | 44 28.3 | 1 040.6 | 647.4 | 99 | 47.3 |

②城镇生活污水处理量。

根据青海省环境统计数据，青海省共有城镇生活污水处理厂 34 家，合计污水处理能力 53.55 万 t/d，实际年处理城镇生活污水 13 373.5 万 t，平均污水处理率为 71.8%。其中，湟水流域城镇生活污水处理厂数量最多，有 18 家，年污水处理量 10 216.8 万 t，占全省生活污水处理总量的 76.4%，流域内污水处理厂化学需氧量、氨氮和总磷排放量分别为 6 665.7 t/a、1 207.3 t/a 和 87.7 t/a，分别占全省的 89.5%、91.6% 和 85.9%。此外，黄河流域（不包括湟水流域范围）有污水处理厂 11 家，但污水处理量及化学需氧量、氨氮、总磷负荷排放量均很小。

各市（州）中，西宁市有城镇生活污水处理厂 11 家，年污水处理量 8 953.0 万 t，占全省生活污水处理总量的 66.9%，全市城镇生活污水处理率为 88.4%，污水处理厂化学需氧量、氨氮和总磷排放量分别为 6 333.4 t/a、1 182.2 t/a 和 85.0 t/a。海东市有城镇生活污水处理厂 5 家，年污水处理量 1 174.5 万 t，占全省生活污水处理总量的 8.8%，城镇生活污水处理率 66.7%，污水处理厂化学需氧量、氨氮和总磷排放量分别为 313.4 t/a、17.9 t/a 和 3.4 t/a。海南藏族自治州、海北藏族自治州各有污水处理厂 5 家，黄南藏族自治州有污水处理厂 3 家，果洛藏族自治州、玉树藏族自治州各有污水处理厂 1 家，但合计污水处理量仅占全省的 8.1%，污水厂尾水负荷排放量也较小。具体情况见表 1-12。

表 1-12　青海省黄河流域各市（州）城镇生活污水处理厂排放情况

| 市（州） | 污水处理厂数量/家 | 生活污水处理量/（万 t/a） | 化学需氧量排放量/（t/a） | 氨氮排放量/（t/a） | 总磷排放量/（t/a） |
|---|---|---|---|---|---|
| 西宁市 | 11 | 8 953.0 | 6 333.4 | 1 182.2 | 85.0 |
| 海东市 | 5 | 1 174.5 | 313.4 | 17.9 | 3.4 |
| 海西蒙古族藏族自治州 | 3 | 2 169.7 | 494.9 | 88.9 | 11.0 |
| 海南藏族自治州 | 5 | 587.0 | 204.3 | 14.7 | 1.6 |
| 海北藏族自治州 | 5 | 291.3 | 72.0 | 13.2 | 0.01 |
| 玉树藏族自治州 | 1 | 107.7 | 16.7 | 0.5 | 0.4 |
| 黄南藏族自治州 | 3 | 92.4 | 15.8 | 0.2 | 0.8 |
| 果洛藏族自治州 | 1 | 0.004 | 0.001 | 0.001 | 0.001 |

（3）畜禽养殖源

青海省牛（含肉牛、奶牛）养殖存栏量 537.4 万头，马养殖存栏量 19.0 万头，羊养殖存栏量 1 350.4 万头，生猪养殖存栏量 105.3 万头。根据《畜禽养殖业污染物排放标准》（GB 18596—2001），将不同畜禽种类的养殖量换算成当量猪的养殖量，合计全省畜禽养殖量为 3 273.2 万头当量猪。

其中，青海省湟水流域畜禽养殖量折合标猪 851.1 万头，占全省的 26.0%；黄河流域（不包括湟水流域范围）畜禽养殖量折合标猪 1 246 万头，占全省的 38.1%。

按照《全国水环境容量核定技术指南》推荐方法，综合考虑青海省不同地区主要养殖种类、主导养殖方式的差异性特征，核算全省畜禽养殖源化学需氧量排放量 12 454.4 t/a，氨氮排放量 2 490.9 t/a，总磷排放量 249.1 t/a。其中，湟水流域畜禽养殖化学需氧量、氨氮、总磷排放量分别为 7 617 t/a、1 523.4 t/a、152.3 t/a，占全省的 61.2%；黄河流域（不包括湟水流域范围）畜禽养殖化学需氧量、氨氮、总磷排放量分别为 2 388.9 t/a、477.7 t/a 和 47.77 t/a，占全省的 19.2%。具体情况见表 1-13。

表 1-13 青海省黄河流域畜禽养殖业排放情况

| 流域 | 养殖量折合标猪 / 万头 | 畜禽养殖负荷排放量 /（t/a) | | |
| --- | --- | --- | --- | --- |
| | | 化学需氧量 | 氨氮 | 总磷 |
| 湟水流域 | 851.1 | 7 617 | 1 523.4 | 152.3 |
| 黄河流域（不包括湟水流域范围） | 1 246 | 2 388.9 | 477.7 | 47.77 |

各市（州）中，海东市总畜禽养殖量折合 245.7 万头标猪，占全省总养殖量的 7.5%，畜禽养殖化学需氧量、氨氮和总磷排放量分别为 3 112.0 t/a、622.4 t/a 和 62.2 t/a，占全省畜禽养殖负荷排放量的 25.0%。西宁市总畜禽养殖量折合 249.4 万头标猪，占全省总养殖量的 7.6%，畜禽养殖化学需氧量、氨氮和总磷排放量分别为 2 780.7 t/a、556.1 t/a 和 55.6 t/a，占全省畜禽养殖负荷排放量的 22.3%。玉树藏族自治州总畜禽养殖量折合 1 000.9 万头标猪，占全省总养殖量的 30.6%，畜禽养殖化学需氧量、氨氮和总磷排放量分别为 2 134.4 t/a、426.9 t/a 和 42.7 t/a，占全省的 17.1%。海北藏族自治州总畜禽养殖量折合 356.0 万头标猪，占全省总养殖量的 10.9%，畜禽养殖化学需氧量、氨氮和总磷排放量分别为 1 724.3 t/a、344.9 t/a 和 34.5 t/a，占全省的 13.8%。黄南、海南、果洛、海西等市（州）畜禽养殖量合计占全省的 43.4%，畜禽养殖负荷排放量仅占全省的 21.7%。具体情况见表 1-14。

表 1-14　青海省黄河流域各市（州）畜禽养殖业排放情况

| 市（州） | 养殖量折合标猪 / 万头 | 畜禽养殖负荷排放量 /（t/a） | | |
| --- | --- | --- | --- | --- |
| | | 化学需氧量 | 氨氮 | 总磷 |
| 西宁市 | 249.4 | 2 780.7 | 556.1 | 55.6 |
| 海东市 | 245.7 | 3 112.0 | 622.4 | 62.2 |
| 海北藏族自治州 | 356.0 | 1 724.3 | 344.9 | 34.5 |
| 黄南藏族自治州 | 319.7 | 606.2 | 121.2 | 12.1 |
| 海南藏族自治州 | 445.9 | 771.1 | 154.2 | 15.4 |
| 果洛藏族自治州 | 480.4 | 1 011.6 | 202.3 | 20.2 |
| 玉树藏族自治州 | 1 000.9 | 2 134.4 | 426.9 | 42.7 |
| 海西蒙古族藏族自治州 | 175.2 | 314.2 | 62.8 | 6.3 |

（4）种植业面源

青海省共有耕地面积 58.94 万 hm²，小麦、杂粮、薯类、油料及蔬菜等各类农作物总播种面积 56.78 万 hm²，各类化肥施用量 23.79 万 t（其中，氮肥施用实物量 8.49 万 t，氮肥折纯量 3.45 万 t；磷肥施用实物量 6.48 万 t，磷肥折纯量 1.46 万 t；钾肥施用实物量 0.53 万 t，钾肥折纯量 0.19 万 t；复合肥施用实物量 8.30 万 t，折纯量 3.48 万 t）。各流域中，湟水流域耕地面积 634.8 万亩 [①]，占全省的 71.8%，黄河流域（不包括湟水流域范围）耕地面积 157.9 万亩，占全省的 17.9%。

采用《全国水环境容量核定技术指南》推荐的标准农田法计算种植业面源流失量。综合考虑青海省不同地区耕地面积、种植方式、施肥强度及自然条件差异性特征，核算全省种植业面源化学需氧量排放量 67 118.9 t/a，氨氮排放量 13 423.7 t/a，总磷排放量 1 496.9 t/a。其中，湟水流域种植业化学需氧量、氨氮和总磷负荷流失量分别占全省的 66.8%、66.8% 和 62.8%；黄河流域（不包括湟水流域范围）种植业化学需氧量、氨氮和总磷负荷流失量分别占全省的 20.2%、20.2% 和 22.7%。具体情况见表 1-15。

---

① 1 亩 =1/15 hm²。

表 1-15　青海省黄河流域种植业面源流失情况

| 流域 | 耕地面积 /亩 | 种植业面源流失量 /（t/a） | | |
|---|---|---|---|---|
| | | 化学需氧量 | 氨氮 | 总磷 |
| 湟水流域 | 6 347 518 | 44 816.2 | 8 963.2 | 939.3 |
| 黄河流域（不包括湟水流域范围） | 1 579 262 | 13 581.9 | 2 716.3 | 339.5 |

各市（州）中，西宁市、海东市、海南州耕地面积最大，种植业面源流失量也较高。其中，西宁市有耕地面积 14.5 万 $hm^2$，占全省总耕地面积的 24.6%，化肥施用量 58 801 t/a，占全省化肥施用量的 24.7%，估算全市种植业化学需氧量、氨氮和总磷流失量分别为 21 829.1 t/a、4 365.8 t/a 和 421.0 t/a，分别占全省种植业面源流失总量的 32.5%、32.5%、28.1%；海东市有耕地面积 22.2 万 $hm^2$，占全省的 37.6%，化肥施用量 88 711 t/a，占全省的 37.3%，估算全市种植业化学需氧量、氨氮和总磷流失量分别为 16 454.2 t/a、3 290.8 t/a 和 355.0 t/a，占全省种植业面源流失总量的 24.5%、24.5% 和 23.7%；海南藏族自治州耕地面积占全省的 14.3%，化肥施用量占全省的 13.4%，种植业化学需氧量、氨氮和总磷流失量分别为 12 113.2 t/a、2 422.6 t/a、302.8 t/a，占全省的 18.0%、18.0% 和 20.2%。海北、黄南、果洛、玉树、海西等 5 个市（州）总耕地面积仅占全省的 23.6%，化肥施用量占全省的 23.6%，种植业化学需氧量、氨氮和总磷流失量分别占全省的 24.9%、24.9% 和 27.9%。具体情况见表 1-16、表 1-17。

表 1-16　青海省黄河流域各市（州）种植业基本情况

| 市（州） | 耕地面积 /$hm^2$ | 化肥施用量 /（t/a） | 化肥折纯量 /（t/a） | | 主要农作物播种面积 /（$10^3 hm^2/a$） | | | | |
|---|---|---|---|---|---|---|---|---|---|
| | | | 氮肥折纯量 | 磷肥折纯量 | 小麦 | 杂粮 | 薯类 | 经济作物 | 蔬菜和食用菌 |
| 西宁市 | 144 853 | 58 801 | 8 757 | 3 600 | 29.2 | 10.7 | 17 | 34.1 | 21.1 |
| 海东市 | 221 624 | 88 711 | 13 212 | 5 431 | 31.2 | 43.6 | 50 | 55.5 | 22.2 |
| 海北藏族自治州 | 56 712 | 17 477 | 2 603 | 1 070 | 1.1 | 15.9 | 1.3 | 30.7 | 0.7 |
| 黄南藏族自治州 | 19 890 | 2 923 | 435 | 179 | 4.2 | 3.2 | 1.2 | 4.3 | 0.5 |

| 市（州） | 耕地面积 /hm² | 化肥施用量 /（t/a） | 化肥折纯量 /（t/a） | | 主要农作物播种面积 /（10³hm²/a） | | | | |
|---|---|---|---|---|---|---|---|---|---|
| | | | 氮肥折纯量 | 磷肥折纯量 | 小麦 | 杂粮 | 薯类 | 经济作物 | 蔬菜和食用菌 |
| 海南藏族自治州 | 84 123 | 31 903 | 4 751 | 1 953 | 10.3 | 43.6 | 1.6 | 26.5 | 3.3 |
| 果洛藏族自治州 | 1 276 | 2 | 0.3 | 0.12 | 0.01 | 0.32 | 0.04 | 0 | 0.01 |
| 玉树藏族自治州 | 13 237 | 879 | 131 | 54 | 0.1 | 7.3 | 0.7 | 0.4 | 0.3 |
| 海西蒙古族藏族自治州 | 47 712 | 37 218 | 5 543 | 2 279 | 5.9 | 8.2 | 1.1 | 35.3 | 2.1 |

表 1-17　青海省黄河流域各市（州）种植业面源流失情况

| 市（州） | 耕地面积 / 亩 | 种植业面源流失量 /（t/a） | | |
|---|---|---|---|---|
| | | 化学需氧量 | 氨氮 | 总磷 |
| 西宁市 | 2 172 685 | 21 829.1 | 4 365.8 | 421.0 |
| 海东市 | 3 324 189 | 16 454.2 | 3 290.8 | 355.0 |
| 海北藏族自治州 | 850 644 | 6 532.9 | 1 306.6 | 163.3 |
| 黄南藏族自治州 | 298 334 | 1 432.0 | 286.4 | 35.8 |
| 海南藏族自治州 | 1 261 789 | 12 113.2 | 2 422.6 | 302.8 |
| 果洛藏族自治州 | 19 139 | 36.7 | 7.3 | 0.9 |
| 玉树藏族自治州 | 198 551 | 476.5 | 95.3 | 11.9 |
| 海西蒙古族藏族自治州 | 715 640 | 8 244.2 | 1 648.8 | 206.1 |

（5）农村生活面源

青海省总人口合计约 600 万人，其中农村人口 344.0 万人。全省农村人口高度集中在海东市和西宁市，其中海东市共有农村人口 124.6 万人，占全省的 36.2%；西宁市共有农村人口 77.5 万人，占全省的 22.5%。此外，海南藏族自治州、玉树藏族自治州农村人口也较多，各占全省的 10%

左右；海北、黄南、果洛、海西等 4 个市（州）人口较少，合计农村人口仅占全省的 15.6%。

参考《生活源产排污系数及使用说明》（2011 年修订版），农村生活源负荷排放量依据各市（州）农村人口及农村人口产排污系数确定，青海省农村生活源化学需氧量排放量 61 414.6 t/a，氨氮排放量 7 233.7 t/a，总磷排放量 764.2 t/a。

各市（州）中，西宁市、海东市农村人口较多，农村人口产排污系数相对较高，农村生活源负荷排放量也较大。其中，西宁市农村生活源化学需氧量、氨氮和总磷排放量分别为 18 829.4 t/a、2 119.3 t/a、230.3 t/a，占全省农村生活源排放量的 30.7%、29.3% 和 30.1%；海东市农村生活源化学需氧量、氨氮和总磷排放量分别为 18 893.0 t/a、2 236.4 t/a、207.6 t/a，占全省农村生活源排放量的 30.8%、30.9% 和 27.2%。海北、黄南、海南、果洛、玉树、海西等 6 个市（州）农村人口占全省的 41.2%，农村生活源化学需氧量、氨氮和总磷排放量分别占全省的 38.6%、39.8% 和 42.7%。具体情况见表 1-18。

表 1-18　青海省黄河流域各市（州）农村生活面源排放情况

| 市（州） | 农村人口 / 万人 | 农村生活源负荷排放量 /（t/a） | | |
| --- | --- | --- | --- | --- |
| | | 化学需氧量 | 氨氮 | 总磷 |
| 西宁市 | 77.5 | 18 829.4 | 2 119.3 | 230.3 |
| 海东市 | 124.6 | 18 893.0 | 2 236.4 | 207.6 |
| 海北藏族自治州 | 20.7 | 3 463.0 | 420.7 | 47.7 |
| 黄南藏族自治州 | 20.8 | 3 468.0 | 421.3 | 47.8 |
| 海南藏族自治州 | 36.2 | 6 049.4 | 734.9 | 83.3 |
| 果洛藏族自治州 | 17.1 | 2 862.0 | 347.7 | 39.4 |
| 玉树藏族自治州 | 34.2 | 5 704.3 | 692.9 | 78.6 |
| 海西蒙古族藏族自治州 | 12.8 | 2 145.5 | 260.6 | 29.5 |

各流域中，湟水流域农村人口较多，农村生活源负荷排放量也较大，流域内农村生活源化学需氧量、氨氮和总磷负荷排放分别占全省的 67.1%、

66.0% 和 63.5%；其次是黄河流域（不包括湟水流域范围），流域内农村生活源化学需氧量、氨氮和总磷负荷排放分别占全省的 20.2%、20.8%、22.3%。

（6）城市面源

采用《全国水环境容量核定技术指南》中推荐的标准城市产排污系数法估算城市径流面源流失量。标准城市的定义为地处平原地带，城市非农业人口在 100 万～200 万，建成区面积在 100 km² 左右，年降水量在 400～800 mm，城市雨水收集管网普及率在 50%～70% 的城市，标准城市源强系数为化学需氧量 50 t/a、氨氮 12 t/a、总磷 3.2 t/a。

青海省总城镇人口 240.7 万人，其中城区居住人口 175.1 万人，城区建成区面积 199.87 km²。各主要城市中，除西宁市城区人口达到 100 万人以上外，其他城市和县城人口规模均不大；除西宁市城区外，主要城市城区雨污水合流制管网建设不完善，普遍未能建设雨污分流制管网系统。

综合考虑青海省各城市人口、建成区面积、管网覆盖和地形地貌等自然条件特征，核算全省城市面源化学需氧量、氨氮、总磷流失量分别为 299.8 t/a、72.0 t/a、19.2 t/a。其中，西宁市城市面源流失量占全省的 79.4%；再次是海东市，城市面源流失量占全省的 7.9%。具体如表 1-19 所示。

表 1-19　青海省黄河流域各市（州）城市面源流失量情况

| 市（州） | 城市 | 城区人口/万人 | 建成区面积/km² | 城市面源流失量/（t/a） | | |
|---|---|---|---|---|---|---|
| | | | | 化学需氧量 | 氨氮 | 总磷 |
| 西宁市 | 西宁 | 124.3 | 94.0 | 228.0 | 54.7 | 14.6 |
| 海东市 | 海东 | 23.2 | 33.8 | 22.8 | 5.5 | 1.5 |

注：海北、黄南、海南、果洛、玉树各州无纳入城市建设统计年鉴的主要城市，不进行城市面源流失量的测算。

### 1.3.2　湟水流域

各流域中，湟水流域有西宁市、海东市 2 个青海省最主要城市，城区人口占全省的 84.2%，城市径流面源化学需氧量、氨氮和总磷负荷流失量占全省的 87.4%；黄河流域无主要城市分布，城市径流面源流失量很少，可以忽略不计。

据统计，2010 年湟水流域废水排放量为 15 697 万 t，其中工业废水 5 337 万 t，占 34.0%；城镇生活污水 10 360 万 t，占 66.0%。化学需氧量排放量为 62 788.96 t，氨氮排放量为 5 539.55 t。湟水流域化学需氧量排放由工业源、生活源和农业源组成，排放量分别为 21 661.8 t、25 572.8 t、15 554.4 t，分别占总量的 34%、41%、25%。湟水流域氨氮排放由工业源、生活源和农业源组成，排放量分别为 455.1 t、4 503.8 t、580.7 t，分别占总量的 8%、81%、11%。湟水流域各区县中，西宁市区化学需氧量排放量明显高于其他县，其次是大通县、湟中县、互助县、民和县、乐都县、平安县、湟源县，海晏县排放最低，仅为 499 t。

2010 年，湟水流域重点工业企业共计 131 家，化学需氧量和氨氮排放量分别为 18 994.16 t、426.75 t。湟水干流及其支流接纳企业污水量由大到小依次为湟水干流、北川河、沙塘川河、南川河、麻皮寺河；接纳化学需氧量由大到小为湟水干流、南川河、北川河、沙塘川河、麻匹寺河；接纳氨氮由大到小为湟水干流、北川河、沙塘川河、南川河、麻皮寺河。按行业统计，湟水流域食品加工业化学需氧量排放量最大，占流域涉水重点企业化学需氧量排放总量的 43.63%；其次为纺织业，占 19.95%；其他行业排放量由大到小依次为金属冶炼、制药、化工、造纸，畜禽养殖业化学需氧量排放量最小，仅占 1.03%。湟水流域化工业废水中氨氮排放量最大，占流域涉水重点企业氨氮排放总量的 39.38%；其次为食品加工业，占 33.58%；其他行业氨氮排放量由大到小依次为金属冶炼业、制药业、畜禽养殖业、造纸业、纺织业。湟水流域涉水重点企业中，化学需氧量排放量前四位的单位依次为青海雪舟三绒集团、西宁特殊钢股份有限公司、青海明胶有限责任公司、青海互助威思顿精淀粉有限责任公司。这四家单位的化学需氧量排放量占涉水重点企业化学需氧量排放总量的 54%。氨氮排放量前四位的单位依次为青海云天化国际化肥有限公司、青海明胶有限责任公司、青海黄河嘉酿啤酒有限公司、青海黎明化工有限责任公司，这四家单位的氨氮排放量占

涉水重点企业氨氮排放总量的 53%,

据统计, 2017 年湟水流域内废水总排放量为 12 038.06 万 t, 主要污染物化学需氧量、氨氮总排放量分别为 31 166.01 t 和 339.81 t。其中: 工业源废水排放量为 2 556.60 万 t, 化学需氧量、氨氮排放量分别为 16 173.41 t、1 670.31; 规模化畜禽养殖化学需氧量、氨氮排放量分别为 4 036.77 t、210.78 t; 城镇生活污水排放量为 9 475.68 万 t, 化学需氧量、氨氮排放量分别为 10 954.47 t、1 424.08 t。境内共有各类排污口 184 个 (含雨水、农灌水退水和城镇污水处理厂排口)。其中: 海北州有各类排污口 3 个; 海东市有各类排污口 42 个; 西宁市辖区内各类排污口 139 个。

2017 年, 湟水流域范围内主要涉水工业企业有 106 家。其中: 农副食品加工业 38 家, 金属制品业 10 家, 食品制造业和非金属矿物制品业均为 8 家, 化学原料和化学制品制造业、纺织业和电力、热力生产和供应业, 分别为 7 家、6 家和 5 家。青海宜化化工有限责任公司 (含青海黎明化工有限责任公司)、西宁特殊钢股份有限公司、青海明胶有限责任公司合计废水年排放量达到 1 464.8 万 t, 占流域工业废水排放总量的 57.29%; 化学需氧量年排放量为 8 173.17 t, 占工业排放总量的 50.53%。

2017 年规模化畜禽养殖场共计 168 家, 主要集中在大通县、民和县、互助县、湟源县和湟中县等地区, 以生猪和肉牛养殖企业为主; 达到规范化建设要求的有 61 家, 尚有 107 家未达到规范化建设要求。另外, 湟水流域范围内共有农家乐 444 家。其中: 185 家的污水接入市政管网, 其余 259 家经简易处理后就近排入水体。

## 1.4 水环境质量

### 1.4.1 地表水

2020 年, 青海黄河流域共有国、省、市控断面 56 个, 其中, 国控断面

23个，省控断面13个，市控断面20个。黄河流域水质为良，56个断面中，水质优良断面（Ⅰ~Ⅲ类）达到54个，占比96.4%，Ⅳ类的水质断面2个，占比3.6%（图1-4）。其中纳入国家考核的12个断面中，水质达标率为100%，水质优良比例达到100%（图1-5）。

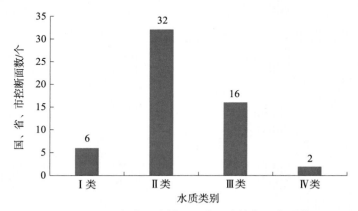

图1-4　2020年黄河流域国、省、市控断面水质状况

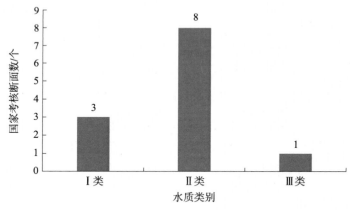

图1-5　2020年黄河流域国家考核断面水质状况

（1）黄河干流

2020年，黄河干流共有11个水质断面，水质为优，全部达到或优于Ⅱ类。门堂、唐乃亥、官亭断面水质均为Ⅰ类，水质状况优，达到水环境功能（水质考核）目标。柯生、军功、龙羊峡水库入水口、龙羊峡水库湖心、贵德、李家峡、同仁水文站下游、大河家断面水质均为Ⅱ类，水质状

况优，达到相应水环境功能（水质考核）目标。

（2）湟水流域

2020 年，湟水及大通河流域共有 41 个水质断面，水质为优，水质优良断面（Ⅰ～Ⅲ类）达到 39 个，占比 95.1%，Ⅳ类的水质断面 2 个，占比 4.9%（图 1-6）。2 个Ⅳ类的水质断面主要分布在湟水干流的民和自动站和新宁桥。其中湟水干流水质良好，北川河水质优。沙塘川河、南川河、引胜沟、大通河水质均为Ⅱ类。湟水河主要干、支流 28 个监测断面水质均达到水环境功能（水质考核）目标，达标率为 100.0%。Ⅰ～Ⅲ类水质断面 26 个，占断面总数的 92.9%，湟水主要干、支流监测断面水质类别及达标率详见表 1-20。

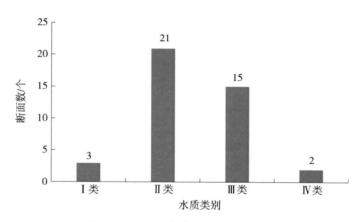

图 1-6　2020 年湟水流域水质状况

表 1-20　2020 年湟水主要干、支流监测断面水质评价统计

| 序号 | 河流 | 断面 | 水环境功能区划目标 | 年平均水质 | 全年水质达标率 /% | |
|---|---|---|---|---|---|---|
| | | | | | 相比水环境功能区划目标 | 相比Ⅲ类水质标准 |
| 1 | 湟水干流 | 金滩 | Ⅱ | Ⅱ | 100.0 | 100.0 |
| 2 | | 扎马隆 | Ⅱ | Ⅱ | 91.7 | 91.7 |
| 3 | | 黑嘴桥 | Ⅲ | Ⅱ | 100.0 | 100.0 |
| 4 | | 西钢桥 | Ⅳ | Ⅲ | 91.7 | 58.3 |

| 序号 | 河流 | 断面 | 水环境功能区划目标 | 年平均水质 | 全年水质达标率/% | |
|---|---|---|---|---|---|---|
| | | | | | 相比水环境功能区划目标 | 相比Ⅲ类水质标准 |
| 5 | 湟水干流 | 新宁桥 | Ⅳ | Ⅳ | 75.0 | 33.3 |
| 6 | | 报社桥 | Ⅴ | Ⅲ | 100.0 | 58.3 |
| 7 | | 小峡桥 | Ⅳ | Ⅲ | 75.0 | 58.3 |
| 8 | | 湾子桥 | Ⅳ | Ⅲ | 75.0 | 58.3 |
| 9 | | 老鸦峡口 | Ⅳ | Ⅲ | 91.7 | 66.7 |
| 10 | | 民和老桥（县城） | Ⅳ | Ⅲ | 91.7 | 66.7 |
| 11 | | 民和自动站 | Ⅳ | Ⅳ | 75.0 | 50.0 |
| 12 | | 民和桥 | Ⅳ | Ⅱ | 100.0 | 100.0 |
| 13 | 北川河 | 峡门桥 | Ⅰ | Ⅰ | 100.0 | 100.0 |
| 14 | | 塔尔桥 | Ⅱ | Ⅰ | 100.0 | 100.0 |
| 15 | | 桥头桥 | Ⅱ | Ⅱ | 100.0 | 100.0 |
| 16 | | 新宁桥—大通 | Ⅲ | Ⅲ | 100.0 | 100.0 |
| 17 | | 润泽桥 | Ⅲ | Ⅱ | 100.0 | 100.0 |
| 18 | | 朝阳桥 | Ⅳ | Ⅱ | 100.0 | 83.3 |
| 19 | 沙塘川河 | 三其桥 | Ⅳ | Ⅲ | 100.0 | 100.0 |
| 20 | | 沙塘川桥 | Ⅳ | Ⅱ | 100.0 | 91.7 |
| 21 | 南川河 | 老幼堡 | Ⅲ | Ⅱ | 100.0 | 100.0 |
| 22 | | 七一桥 | Ⅳ | Ⅲ | 100.0 | 75.0 |
| 23 | 引胜沟 | 土官口 | Ⅳ | Ⅱ | 100.0 | 100.0 |
| 24 | | 引胜沟入湟口 | Ⅲ | Ⅱ | 100.0 | 100.0 |
| 25 | 大通河 | 浩门河纳子峡 | Ⅲ | Ⅱ | 100.0 | 100.0 |
| 26 | | 甘冲口 | Ⅲ | Ⅱ | 100.0 | 100.0 |
| 27 | | 峡塘 | Ⅱ | Ⅱ | 100.0 | 100.0 |
| 28 | | 大通河入湟口 | Ⅲ | Ⅲ | 100.0 | 100.0 |

　　湟水汇水支流药水河入湟口断面水质为Ⅰ类，水质优；云谷川、西纳川、石惠沟、红崖子沟、祁家川、岗子沟、巴州沟入湟口断面水质均为

Ⅱ类，水质优；教场河、小南川河、哈拉直沟、白沈沟、隆治沟入湟口断面水质均为Ⅲ类。湟水汇水支流入湟口断面水质及达标率详见表1-21。

表 1-21 2020 年湟水汇水支流入湟口断面水质评价统计

| 序号 | 断面 | 水环境功能区划目标 | 年平均水质 | 全年水功能达标率 /% |
|------|------|------------------|----------|------------------|
| 1 | 药水河入湟口 | Ⅲ | Ⅰ | 100.0 |
| 2 | 云谷川入湟口 | Ⅱ | Ⅱ | 91.7 |
| 3 | 西纳川入湟口 | Ⅲ | Ⅱ | 100.0 |
| 4 | 教场河入湟口 | Ⅲ | Ⅲ | 75.0 |
| 5 | 石惠沟入湟口 | Ⅲ | Ⅱ | 83.3 |
| 6 | 小南川河入湟口 | Ⅲ | Ⅲ | 100.0 |
| 7 | 哈拉直沟入湟口 | Ⅲ | Ⅲ | 100.0 |
| 8 | 红崖子沟入湟口 | Ⅲ | Ⅱ | 100.0 |
| 9 | 白沈沟入湟口 | Ⅲ | Ⅲ | 100.0 |
| 10 | 祁家川入湟口 | Ⅲ | Ⅱ | 100.0 |
| 11 | 岗子沟入湟口 | Ⅲ | Ⅱ | 100.0 |
| 12 | 巴州沟入湟口 | Ⅲ | Ⅱ | 100.0 |
| 13 | 隆治沟入湟口 | Ⅲ | Ⅲ | 100.0 |

注：未查明水环境功能区划目标的断面以Ⅲ类计。

## 1.4.2 饮用水

2020 年，青海黄河流域共有 38 个在用县级及以上集中式饮用水水源地，其中地表水水源地 16 个，地下水水源地 22 个。38 个饮用水水源地水质均能达到Ⅲ类及以上，地表水饮用水水源地水质好于地下水饮用水水源地。地表水水源地除贵南县卡加水库、兴海县日干水库水源地为Ⅲ类，其余均为Ⅱ类及以上。地下水饮用水水源地除大通县桥头镇水源地、湟源县城关镇大华水源地、达日县吉迈镇跨热沟水源地、门源县浩门镇老虎沟水源地、河南县大雪朵水源地和曲麻莱县龙那沟水源地等 6 个水源地水质全年能达到Ⅱ类外，其余地下水饮用水水源地水质只有部分月份能达到Ⅱ类（表 1-22）。

表1-22  2020年全省各市（州）集中式饮用水水源地水质达标率统计结果

| 序号 | 市（州） | 水源地名称 | 水源地类型 | 取水总量/万t | 达标水量/万t | 超标水量/万t | 水量达标率/% |
|---|---|---|---|---|---|---|---|
| 1 | 西宁市 | 七水厂黑泉水库水源地 | 地表水 | 1 988.44 | 1 830.6 | 157.84 | 92.10 |
| 2 | | 三水厂 | 地下水 | 52.82 | 52.82 | 0 | 100 |
| 3 | | 徐家寨水厂 | 地下水 | 271.07 | 271.07 | 0 | 100 |
| 4 | | 四水厂 | 地下水 | 1 945.03 | 1 945.03 | 0 | 100 |
| 5 | | 五水厂 | 地下水 | 2 043.25 | 2 043.25 | 0 | 100 |
| 6 | | 六水厂 | 地下水 | 5 101.03 | 5 101.03 | 0 | 100 |
| 7 | | 大通县桥头镇水源地 | 地下水 | 0.558 | 0.558 | 0 | 100 |
| 8 | | 湟中县鲁沙尔镇青石坡水源地 | 地下水 | 36 | 36 | 0 | 100 |
| 9 | | 湟源县城关镇大华水源地 | 地下水 | 51 | 51 | 0 | 100 |
| 10 | 海东市 | 公伯峡水库水源地 | 地表水 | 201.1 | 201.1 | 0 | 100 |
| 11 | | 民和县西沟水源地 | 地表水 | 76.75 | 76.75 | 0 | 100 |
| 12 | | 化隆县后沟水库水源地 | 地表水 | 40 | 40 | 0 | 100 |
| 13 | | 循化县积石镇黄河水源地 | 地表水 | 10.9 | 10.9 | 0 | 100 |
| 14 | | 互助县南门峡水库水源地 | 地表水 | 6 | 6 | 0 | 100 |
| 15 | | 民和县硖门水库水源地 | 地表水 | 64.67 | 64.67 | 0 | 100 |
| 16 | | 乐都区引胜河水源地 | 地下水 | 36.5 | 36.5 | 0 | 100 |
| 17 | 海北藏族自治州 | 西海镇麻匹寺水源地 | 地下水 | 10.3 | 10.3 | 0 | 100 |
| 18 | | 门源县浩门镇老虎沟水源地 | 地下水 | 1.87 | 1.87 | 0 | 100 |
| 19 | | 海晏县三角城镇水源地 | 地下水 | 1.61 | 1.61 | 0 | 100 |
| 20 | 黄南藏族自治州 | 尖扎县麦什扎黄河水源地 | 地表水 | 36 | 36 | 0 | 100 |

续表

| 序号 | 市（州） | 水源地名称 | 水源地类型 | 取水总量/万t | 达标水量/万t | 超标水量/万t | 水量达标率/% |
|---|---|---|---|---|---|---|---|
| 21 | 黄南藏族自治州 | 泽库县夏德日河水源地 | 地表水 | 14.2 | 14.2 | 0 | 100 |
| 22 | | 河南县擦玛沟水源地 | 地表水 | 16.8 | 16.8 | 0 | 100 |
| 23 | | 同仁县扎毛水库水源地 | 地表水 | 660 | 660 | 0 | 100 |
| 24 | | 河南县大雪朵水源地 | 地下水 | 3.4 | 3.4 | 0 | 100 |
| 25 | 海南藏族自治州 | 日干水库水源地 | 地表水 | 50.42 | 50.42 | 0 | 100 |
| 26 | | 贵南县卡加水库水源地 | 地表水 | 55.77 | 55.77 | 0 | 100 |
| 27 | | 同德县尕干曲水源地 | 地表水 | 32.4 | 32.4 | 0 | 100 |
| 28 | | 共和县恰卜恰镇恰让水库水源地 | 地表水 | 51.5 | 51.5 | 0 | 100 |
| 29 | | 贵德县河西镇山坪台水源地 | 地表水 | 1.645 | 1.645 | 0 | 100 |
| 30 | | 切吉滩水源地 | 地下水 | 217.8 | 217.8 | 0 | 100 |
| 31 | | 贵德县岗拉湾水源地 | 地下水 | 11.4 | 11.4 | 0 | 100 |
| 32 | 果洛藏族自治州 | 玛沁县大武镇野马滩水源地 | 地下水 | 89.8 | 89.8 | 0 | 100 |
| 33 | | 达日县吉迈镇跨热沟水源地 | 地下水 | 6.9 | 6.9 | 0 | 100 |
| 34 | | 甘德县柯曲镇水源地 | 地下水 | 6.3 | 6.3 | 0 | 100 |
| 35 | | 久治县智青松多镇水源地 | 地下水 | 6.8 | 6.8 | 0 | 100 |
| 36 | | 玛多县玛查理河水源地 | 地下水 | 5.9 | 5.9 | 0 | 100 |
| 37 | 玉树藏族自治州 | 曲麻莱县龙那沟水源地 | 地下水 | 0.56 | 0.56 | 0 | 100 |
| 38 | 海西蒙古族藏族自治州 | 天峻县新源镇水源地 | 地下水 | 277 | 277 | 0 | 100 |

| 序号 | 市（州） | 水源地名称 | 水源地类型 | 取水总量/万 t | 达标水量/万 t | 超标水量/万 t | 水量达标率/% |
|------|----------|------------|------------|----------------|----------------|----------------|----------------|
|      |          | 黄河流域   | 地表水     | 3 306.595      | 3 148.755      | 157.84         | 95.23          |
|      |          |            | 地下水     | 10 176.898     | 10 176.898     | 0              | 100            |
|      |          |            | 合计       | 13 483.493     | 13 325.653     | 157.84         | 99             |

# 1.5　河流泥沙状况

青海省黄河流域唐乃亥水文站控制流域面积为 12.20 万 km²，近 10 年年平均径流量为 228.4 亿 m³，2020 年径流量为 321.6 亿 m³。近 10 年年平均输沙量为 0.115 亿 t，2020 年输沙量为 0.188 亿 t。2020 年输沙模数为 154 t/（km²·a）。青海省黄河流域泥沙分布地区差异较大，黄河唐乃亥以上及大通河产沙量较小，黄河贵德以下至省界及湟水流域产沙量较大。

湟水的泥沙在时间上和地区上分布很不均匀。沙量主要集中在 6 至 9 月 4 个月内。流域泥沙主要来自水土流失区域。通过对湟水民和站、西宁站 50 多年水沙组成分析，湟水青海境内控制站民和站多年平均实测径流量 14.96 亿 m³，多年平均输沙量 1 644 万 t，多年平均含沙量 9.98 kg/m³。整个湟水流域平均输沙模数 1 075 t/（km²·a）。湟水西宁站多年平均径流量 10.2 亿 m³，多年平均输沙量 343 万 t，多年平均含沙量 3.46 kg/m³。湟水 79.2% 泥沙来源于西宁以下地区，61.7% 水量来源于西宁以上上游地区，湟水具有水沙异源的特点。

黄河流域的水土流失主要是水力侵蚀，形成的主要因素是地质结构受到破碎，土壤质地严重疏松，生态植被遭到破坏，已成为造成水土流失的罪魁祸首。目前，黄河流域以水蚀为主，伴有土沙下沉、崩塌、滑坡等重力和风力侵蚀，使原有清澈的河流变成了浑浊不堪的"泥沙河"。当前，黄河流域中出现水土流失在自然因素和人为因素的双重作用下，在人类的不合理规划、不合理开发自然资源的情况下，造成了土壤植被严重破坏，经自然环境下雨水冲刷而引起的表层土壤的流失，这两种因素无疑是加速水土流失的问题根源。

湟水流域水土流失面积达 1.3 万 $km^2$，水土流失量大面广，区域差异明显，主要分布在浅山与脑山过渡地带和浅山地区，侵蚀模数由西向东增大。重度水土流失区分布在中低浅山区，并以阳坡侵蚀最为强烈，年均土壤侵蚀模数为 5 000 $t/km^2$；中度水土流失多分布在浅山中部地区，年均土壤侵蚀模数为 2 000 $t/km^2$；轻度水土流失多分布在浅山向脑山过渡地带，年均土壤侵蚀模数为 500 $t/km^2$。沿湟干流及支流水土流失主要分布情况见表 1-23。

表 1-23　沿湟干流及支流水土流失重点分布区

| 分布区 | 数量 /个 | 小流域名称 | 小流域面积 /$hm^2$ | 水土流失面积 /$hm^2$ | 水土流失所占比例 /% |
|---|---|---|---|---|---|
| 西宁市四区 | 7 | 西郊南山、火烧沟、铁骑沟、东郊南山、西郊北山、东郊北山、东郊西山 | 30 816 | 13 990 | 45.40 |
| 湟源县 | 8 | 三沟、城郊南北、胡思洞、大高陵、莫合尔、莫多吉、巴汉、小高陵 | 33 246 | 18 152 | 54.60 |
| 湟中县 | 4 | 云谷川、石灰沟、衍沟、喇家沟 | 30 996 | 14 176 | 45.73 |
| 大通县 | 7 | 景阳沟、石山、朔北、药草、斜沟、桥西、清平 | 30 503 | 20 249 | 66.38 |
| 平安县 | 7 | 古城、且尔甫、三合、沙沟、索尔干、寺台、石灰窑 | 30 833 | 17 199 | 55.78 |
| 互助县 | 9 | 朱尔沟、东家沟、白崖、东山、双树、安定、东沟、边滩、直沟 | 43 143 | 24 923 | 57.77 |
| 乐都县 | 4 | 引胜沟、双塔沟、碱沟、峰堆沟 | 24 650 | 14 662 | 59.48 |
| 民和县 | 7 | 前河沟、满坪、马营、马洒沟、巴州、新民、松树 | 34 129 | 19 854 | 58.17 |
| 总计 | 53 | — | 258 316 | 143 205 | 55.44 |

第 2 章

流域水环境分区管控

长期以来，我国水环境保护是按照水功能区来进行水污染控制的，然而这种水污染控制没有考虑水体所属的陆地单元，已有的区划由于不能很好地建立陆域自然地理要素和环境压力与水环境质量的关系，不能满足水环境质量的改善需求。为推进山水林田湖草沙系统治理和水资源、水环境、水生态"三水统筹"，实现水功能区与水环境控制单元区划体系和管控手段的有机融合，青海省以水环境质量目标精细化管理为核心，通过梳理分析水功能区和水质控制断面现状，在"十四五"国家水环境管理思路框架下，合理设置"十四五"国控、省控断面；以水质控制断面为基础，划分控制单元、汇水范围，优化整合水功能区与控制单元，在此基础上构建青海省"十四五"流域水环境空间管控体系。

**控制单元**是影响受损水体的污染源空间范围，为流域水质目标管理或TMDL（Total Maximun Daily Load）实施的基本单元，TMDL是指在满足水质标准的条件下水体能够接受某种污染物的最大日负荷量。进行污染控制单元划分，可以实现从污染源到入河排污口到水体水质之间的响应，建立由水体到污染源的负荷削减方案，目的是使复杂的流域水环境问题分解到各控制单元内，将规划的目标和任务逐级细化，从而实现整个流域的水环境质量改善。

控制单元划定由水域和陆域两部分组成，其中水域部分指流域地面的天然水通道，由一定流域内地表水和地下水补给，经常或间歇地沿着狭长凹地流动；控制单元的陆域为排入受纳水体所有污染源所处的空间范围。控制单元水环境管理将围绕单元内水域和陆域展开，实现流域管理与区域管理的结合统一。因此，控制单元的划分必须以流域管理理论和区域管理理论为基础。流域管理是为了充分发挥水土资源及其他自然资源的生态效益、经济效益和社会效益，以流域为单元，在全面规划的基础上，合理安排农、林、牧、副各业用地，因地制宜地布设综合治理措施，对水土及其他自然资源进行保护、改良与合理利用。《水法》《防洪法》《水污染防治法》以及《抗旱条例》等法律法规规定，构建了中国基本的流域水资源管理制度。区域管理最早出现在水科学中，它指以行政区域为单元对有关水事活动实施的管理。自 1980 年以来，区域管理作为管理学和区域科学的结合，出现了快速的发展，形成了若干分支，包括区域的环境管理、城市管理和宏观经济管理等。第九届全国人大常委会第 29 次会议通过的新《水法》，把改革水资源管理体制作为重点，强化了水资源的统一管理，规定水资源实行流域管理与行政区域管理相结合的管理体制。这种体制既不是欧洲等许多国家实行的以流域管理为主的管理体制，也不是完全以行政区域分割管理的体制，这是多年来水资源管理经验的总结，是中国国情决定的，也是中国社会经济发展、水资源紧缺、水污染严重形势下的必然选择。总之，根据控制单元的自然属性及我国水环境管理现状，控制单元划分应以流域管理理论和区域管理理论为基础，充分考虑水体流域特征、生态功能、水环境等功能，并结合行政区划、水系特征等，从而使得复杂的流域系统性问题分解成相对独立的单元问题，通过解决各单元内水污染问题和处理好单元间关系，实现各单元水质目标和流域水质目标，达到保护水体生态功能的目的。

**水功能区**指为满足人类对水资源合理开发、利用、节约和保护的需求，根据水资源的自然条件和开发利用现状，按照流域综合规划、水资源保护和经济社会发展要求，依其主导功能划定范围并执行相应水环境质量标准的水域。水功能区划目的是根据区划水域的自然属性，结合经济社会需求，协调水资源开发利用和保护、整体和局部的关系，确定该水域的功能及功能顺序。在水功能区划的基础上，核定水域纳污能力，提出限制排污总量意见，为水资源的开发利用和保护管理提供科学依据，实现水资源的可持续利用。

专 栏

**地表水功能区划分**

Ⅰ类：主要适用于源头水、国家自然保护区。

Ⅱ类：主要适用于集中式生活饮用水地表水水源地一级保护区、珍稀水生生物栖息地、鱼虾类产卵场、仔稚幼鱼的索饵场等。

Ⅲ类：主要适用于集中式生活饮用水地表水水源地二级保护区、鱼虾类越冬场、洄游通道、水产养殖区等渔业水域及游泳区。

Ⅳ类：主要适用于一般工业用水区及人体非直接接触的娱乐用水区。

Ⅴ类：主要适用于农业用水区及一般景观要求水域。

为科学地进行水功能分区，技术人员开展了大量前期调研、现场查勘、水质监测和科学研究工作。从污染源调查和岸边污染带调查、流域供用水状况及需求、水资源开发利用及河流水文情势等进行分析，对湖泊水库水环境状况、河湖水生态系统特征、水污染特征、水污染物稀释扩散规律、等标污染负荷、环境容量、水域纳污能力以及水污染治理措施等方面开展全方位研究。经过多年的实践和探索，形成了水功能区划的两级分类理论技术体系及管理体系，为开展全国水功能区划提供了重要的技术支撑。水功能区划与管理是我国流域水资源保护理论与实践的重大突破。20多年来，从水功能区划理论体系的形成到区划实践，再到水功能区的管理，在我国水资源保护中发挥了重要作用。2002年新修订的《水法》确立了水功能区划及管理制度。2011年国务院批复实施的《全国重要江河湖泊水功能区划（2011—2030年）》，2012年年初水利部、国家发展改革委员会和环境保护部联合印发的《水功能区划成果》，成为我国水资源开发利用与保护、水污染防治和水环境综合治理的重要依据。水功能区划的理论技术体系形成了《水功能区划分标准》（GB/T 50594—2010）。

　　水功能区采用两级分类系统。一级区划主要解决地区之间的用水矛盾，在宏观上调整水资源开发利用与保护的关系；二级区划主要确定水域功能类型及功能排序，协调不同行业用水之间的矛盾。一级水功能区分保护区、缓冲区、开发利用区和保留区 4 类；二级水功能区仅在一级区划中的开发利用区进行，分为饮用水水源区、工业用水区、农业用水区、渔业用水区、景观娱乐用水区、过渡区和排污控制区 7 类。一级区划中，保护区指对水资源保护、自然生态系统及珍稀濒危物种的保护具有重要意义且需划定范围进行保护的水域；保留区指现状水资源开发利用程度不高，为今后水资源可持续利用而保留的水域；开发利用区主要指为满足城镇生活、工农业生产、渔业和游乐等多种功能需水要求而划定的水域；缓冲区指为协调省际间、矛盾突出的地区间用水关系而划定的水域。二级区划中，饮用水水源区指满足城镇生活用水需要而划定的水域；工业用水区指满足工业用水需求而划定的水域；农业用水区指满足农业灌溉用水需要而划定的水域；渔业用水区指水生态系统良性发展以及为水产养殖而划定的水域；景观娱乐用水区指以满足景观、疗养、度假和娱乐需要为目的而划定的水域；过渡区指为使水质要求有差异的相邻水功能区顺利衔接而划定的区域；排污控制区指接纳生活污水、生产废水比较集中，且所接纳的污废水不对下游水环境保护目标产生重大不利影响而划定的区域。水功能区划的要素包括河流（湖库）名称、所属水系、水功能区名称、起止断面（点）、长度（水域面积）、水质管理目标以及所属省级行政区等。

# 2.1 水质监测断面布设

## 2.1.1 "十三五"水质监测断面设置

梳理青海省"十三五"时期流域水质断面数据，青海省共有省控断面87个。其中，黄河流域有64个，湟水流域有34个（表2-1，表2-2）。

表2-1 黄河流域"十三五"监测断面

| 序号 | 所在市（州） | 所在县（区） | 断面名称 | 所在流域 | 所在水体 | 水体类型 |
|---|---|---|---|---|---|---|
| 1 | 黄南州 | 河南县 | 柯生 | 黄河 | 黄河 | 河流 |
| 2 | 果洛州 | 玛沁县 | 军功 | 黄河 | 黄河 | 河流 |
| 3 | 海南州 | 共和县 | 龙羊峡水库入水口 | 黄河 | 黄河 | 湖库 |
| 4 | 海南州 | 共和县 | 龙羊峡水库湖心 | 黄河 | 黄河 | 湖库 |
| 5 | 海南州 | 贵德县 | 贵德 | 黄河 | 黄河 | 河流 |
| 6 | 海东市 | 民和县 | 官亭 | 黄河 | 黄河 | 河流 |
| 7 | 西宁市 | 湟中县 | 黑嘴桥 | 黄河 | 湟水 | 河流 |
| 8 | 西宁市 | 城北区 | 西钢桥 | 黄河 | 湟水 | 河流 |
| 9 | 西宁市 | 城西区 | 新宁桥 | 黄河 | 湟水 | 河流 |
| 10 | 西宁市 | 城中区 | 报社桥 | 黄河 | 湟水 | 河流 |
| 11 | 海东市 | 乐都区 | 湾子桥 | 黄河 | 湟水 | 河流 |
| 12 | 海东市 | 乐都区 | 老鸦峡口 | 黄河 | 湟水 | 河流 |
| 13 | 海东市 | 民和县 | 民和老桥（县城） | 黄河 | 湟水 | 河流 |
| 14 | 西宁市 | 大通县 | 峡门桥 | 黄河 | 北川河 | 河流 |
| 15 | 西宁市 | 大通县 | 桥头桥 | 黄河 | 北川河 | 河流 |
| 16 | 西宁市 | 大通县 | 新宁桥－大通 | 黄河 | 北川河 | 河流 |
| 17 | 西宁市 | 城北区 | 朝阳桥 | 黄河 | 北川河 | 河流 |

续表

| 序号 | 所在市（州） | 所在县（区） | 断面名称 | 所在流域 | 所在水体 | 水体类型 |
|---|---|---|---|---|---|---|
| 18 | 西宁市 | 城东区 | 沙塘川桥 | 黄河 | 沙塘川河 | 河流 |
| 19 | 西宁市 | 湟中县 | 老幼堡 | 黄河 | 南川河 | 河流 |
| 20 | 西宁市 | 城西区 | 七一桥 | 黄河 | 南川河 | 河流 |
| 21 | 海东市 | 乐都区 | 土官口 | 黄河 | 引胜沟 | 河流 |
| 22 | 海东市 | 乐都区 | 引胜沟入湟口 | 黄河 | 引胜沟 | 河流 |
| 23 | 海东市 | 民和县 | 大通河入湟口 | 黄河 | 大通河 | 河流 |
| 24 | 西宁市 | 湟源县 | 药水河入湟口 | 黄河 | 药水河 | 河流 |
| 25 | 西宁市 | 湟中县 | 云谷川入湟口 | 黄河 | 云谷川 | 河流 |
| 26 | 西宁市 | 湟中县 | 西纳川入湟口 | 黄河 | 西纳川 | 河流 |
| 27 | 西宁市 | 湟中县 | 教场河入湟口 | 黄河 | 教场河 | 河流 |
| 28 | 西宁市 | 湟中县 | 甘河入湟口 | 黄河 | 甘河 | 河流 |
| 29 | 西宁市 | 湟中县 | 石惠沟入湟口 | 黄河 | 石惠沟 | 河流 |
| 30 | 海东市 | 平安区 | 小南川河入湟口 | 黄河 | 小南川河 | 河流 |
| 31 | 海东市 | 互助县 | 哈拉直沟入湟口 | 黄河 | 哈拉直沟 | 河流 |
| 32 | 海东市 | 互助县 | 红崖子沟入湟口 | 黄河 | 红崖子沟 | 河流 |
| 33 | 海东市 | 平安区 | 白沈沟入湟口 | 黄河 | 白沈沟 | 河流 |
| 34 | 海东市 | 平安区 | 祁家川入湟口 | 黄河 | 祁家川 | 河流 |
| 35 | 海东市 | 乐都区 | 岗子沟入湟口 | 黄河 | 岗子沟 | 河流 |
| 36 | 海东市 | 民和县 | 巴州沟入湟口 | 黄河 | 巴州沟 | 河流 |
| 37 | 海东市 | 民和县 | 隆治沟入湟口 | 黄河 | 隆治沟 | 河流 |
| 38 | 海东市 | 化隆县 | 群科镇则塘村入黄口 | 黄河 | 支流昂思多河 | 河流 |
| 39 | 海东市 | 循化县 | 街子河入黄口 | 黄河 | 街子河 | 河流 |
| 40 | 海东市 | 化隆县 | 巴燕河入黄口 | 黄河 | 巴燕河 | 河流 |
| 41 | 海东市 | 循化县 | 清水河入黄河口 | 黄河 | 支流清水河 | 河流 |
| 42 | 西宁市 | 大通县 | 李家堡 | 黄河 | 东峡河 | 河流 |
| 43 | 西宁市 | 湟源县 | 石刻公园吊桥 | 黄河 | 药水河 | 河流 |

续表

| 序号 | 所在市（州） | 所在县（区） | 断面名称 | 所在流域 | 所在水体 | 水体类型 |
|---|---|---|---|---|---|---|
| 44 | 海北州 | 门源县 | 卡子沟大桥 | 黄河 | 浩门河 | 河流 |
| 45 | 黄南州 | 同仁县 | 同仁水文站 | 黄河 | 隆务河 | 河流 |
| 46 | 黄南州 | 尖扎县 | 康杨大桥 | 黄河 | 黄河干流 | 河流 |
| 47 | 黄南州 | 尖扎县 | 尖扎黄河大桥 | 黄河 | 黄河干流 | 河流 |
| 48 | 黄南州 | 泽库县 | 巴曲河上游 | 黄河 | 巴曲河 | 河流 |
| 49 | 海南州 | 同德县 | 巴曲河下游 | 黄河 | 巴曲 | 河流 |
| 50 | 黄南州 | 泽库县 | 泽曲河断面 | 黄河 | 泽曲 | 河流 |
| 51 | 黄南州 | 河南县 | 泽曲河（曲海村断面） | 黄河 | 泽曲 | 河流 |
| 52 | 海南州 | 贵德县 | 黄河大桥 | 黄河 | 黄河流域 | 河流 |
| 53 | 海南州 | 贵德县 | 西河渠 | 黄河 | 黄河流域 | 河流 |
| 54 | 海南州 | 兴海县 | 曲什安 | 黄河 | 曲什安 | 河流 |
| 55 | 海南州 | 贵南县 | 茫拉河上游 | 黄河 | 茫拉河 | 河流 |
| 56 | 海南州 | 贵德县 | 茫拉河下游 | 黄河 | 茫拉河 | 河流 |
| 57 | 果洛州 | 玛沁县 | 黄河大桥下游 | 黄河 | 黄河流域 | 河流 |
| 58 | 果洛州 | 甘德县 | 西科曲下游 | 黄河 | 西科曲 | 河流 |
| 59 | 果洛州 | 甘德县 | 西科曲上游 | 黄河 | 西科曲 | 河流 |
| 60 | 果洛州 | 达日县 | 达日吉迈水文站上游 | 黄河 | 吉迈河 | 河流 |
| 61 | 果洛州 | 达日县 | 达日吉迈水文站 | 黄河 | 黄河干流 | 河流 |
| 62 | 果洛州 | 久治县 | 年保玉则湖 | 黄河 | 年保玉则湖 | 湖库 |
| 63 | 果洛州 | 玛多县 | 扎陵湖 | 黄河 | 扎陵湖 | 湖库 |
| 64 | 果洛州 | 玛多县 | 玛多黄河沿 | 黄河 | 黄河流域 | 河流 |

表 2-2  湟水流域"十三五"监测断面

| 序号 | 所在市（州） | 所在县（区） | 断面名称 | 所在流域 | 所在水体 | 水体类型 |
|---|---|---|---|---|---|---|
| 1 | 西宁市 | 湟中县 | 黑嘴桥 | 黄河 | 湟水 | 河流 |
| 2 | 西宁市 | 城北区 | 西钢桥 | 黄河 | 湟水 | 河流 |

续表

| 序号 | 所在市（州） | 所在县（区） | 断面名称 | 所在流域 | 所在水体 | 水体类型 |
|---|---|---|---|---|---|---|
| 3 | 西宁市 | 城西区 | 新宁桥 | 黄河 | 湟水 | 河流 |
| 4 | 西宁市 | 城中区 | 报社桥 | 黄河 | 湟水 | 河流 |
| 5 | 海东市 | 乐都区 | 湾子桥 | 黄河 | 湟水 | 河流 |
| 6 | 海东市 | 乐都区 | 老鸦峡口 | 黄河 | 湟水 | 河流 |
| 7 | 海东市 | 民和县 | 民和老桥（县城） | 黄河 | 湟水 | 河流 |
| 8 | 西宁市 | 大通县 | 峡门桥 | 黄河 | 北川河 | 河流 |
| 9 | 西宁市 | 大通县 | 桥头桥 | 黄河 | 北川河 | 河流 |
| 10 | 西宁市 | 大通县 | 新宁桥—大通 | 黄河 | 北川河 | 河流 |
| 11 | 西宁市 | 城北区 | 朝阳桥 | 黄河 | 北川河 | 河流 |
| 12 | 西宁市 | 城东区 | 沙塘川桥 | 黄河 | 沙塘川河 | 河流 |
| 13 | 西宁市 | 湟中县 | 老幼堡 | 黄河 | 南川河 | 河流 |
| 14 | 西宁市 | 城西区 | 七一桥 | 黄河 | 南川河 | 河流 |
| 15 | 海东市 | 乐都区 | 土官口 | 黄河 | 引胜沟 | 河流 |
| 16 | 海东市 | 乐都区 | 引胜沟入湟口 | 黄河 | 引胜沟 | 河流 |
| 17 | 海东市 | 民和县 | 大通河入湟口 | 黄河 | 大通河 | 河流 |
| 18 | 西宁市 | 湟源县 | 药水河入湟口 | 黄河 | 药水河 | 河流 |
| 19 | 西宁市 | 湟中县 | 云谷川入湟口 | 黄河 | 云谷川 | 河流 |
| 20 | 西宁市 | 湟中县 | 西纳川入湟口 | 黄河 | 西纳川 | 河流 |
| 21 | 西宁市 | 湟中县 | 教场河入湟口 | 黄河 | 教场河 | 河流 |
| 22 | 西宁市 | 湟中县 | 甘河入湟口 | 黄河 | 甘河 | 河流 |
| 23 | 西宁市 | 湟中县 | 石惠沟入湟口 | 黄河 | 石惠沟 | 河流 |
| 24 | 海东市 | 平安区 | 小南川河入湟口 | 黄河 | 小南川河 | 河流 |
| 25 | 海东市 | 互助县 | 哈拉直沟入湟口 | 黄河 | 哈拉直沟 | 河流 |
| 26 | 海东市 | 互助县 | 红崖子沟入湟口 | 黄河 | 红崖子沟 | 河流 |
| 27 | 海东市 | 平安区 | 白沈沟入湟口 | 黄河 | 白沈沟 | 河流 |
| 28 | 海东市 | 平安区 | 祁家川入湟口 | 黄河 | 祁家川 | 河流 |

续表

| 序号 | 所在市（州） | 所在县（区） | 断面名称 | 所在流域 | 所在水体 | 水体类型 |
|------|------|------|------|------|------|------|
| 29 | 海东市 | 乐都区 | 岗子沟入湟口 | 黄河 | 岗子沟 | 河流 |
| 30 | 海东市 | 民和县 | 巴州沟入湟口 | 黄河 | 巴州沟 | 河流 |
| 31 | 海东市 | 民和县 | 隆治沟入湟口 | 黄河 | 隆治沟 | 河流 |
| 32 | 西宁市 | 大通县 | 李家堡 | 黄河 | 东峡河 | 河流 |
| 33 | 西宁市 | 湟源县 | 石刻公园吊桥 | 黄河 | 药水河 | 河流 |
| 34 | 海北州 | 门源县 | 卡子沟大桥 | 黄河 | 浩门河 | 河流 |

## 2.1.2 "十四五"国控断面设置

随着国家机构的改革，相关部门职能调整，水功能区监督管理由水利部划转到生态环境部，生态环境部门为了全面反映全国地表水环境质量状况及重要江河湖泊水体功能保障情况，构建统一的水生态环境监测体系，切实推动水生态环境质量改善，对"十四五"国控断面进行了优化调整，国控断面由 2 050 个增加至 3 646 个，其中青海省设立国控断面 37 个，其中黄河流域 20 个，湟水流域断面占 11 个（表 2-3，表 2-4）。

表 2-3　黄河流域"十四五"国控断面设置情况

| 序号 | 断面名称 | 所在流域 | 所在水体 | 水体类型 | 责任省（区） | 责任城市 |
|------|------|------|------|------|------|------|
| 1 | 门堂 | 黄河流域 | 黄河 | 河流 | 青海省 | 果洛藏族自治州 |
| 2 | 玛多 | 黄河流域 | 黄河 | 河流 | 青海省 | 果洛藏族自治州 |
| 3 | 甘冲口 | 黄河流域 | 大通河 | 河流 | 青海省 | 海北藏族自治州 |
| 4 | 浩门河纳子峡 | 黄河流域 | 浩门河 | 河流 | 青海省 | 海北藏族自治州 |
| 5 | 金滩 | 黄河流域 | 湟水 | 河流 | 青海省 | 海北藏族自治州 |
| 6 | 峡塘 | 黄河流域 | 大通河 | 河流 | 青海省 | 海东市 |
| 7 | 大河家 | 黄河流域 | 黄河 | 河流 | 青海省 | 海东市 |
| 8 | 边墙村 | 黄河流域 | 湟水 | 河流 | 青海省 | 海东市 |

| 序号 | 断面名称 | 所在流域 | 所在水体 | 水体类型 | 责任省（区） | 责任城市 |
|------|----------|----------|----------|----------|--------------|----------|
| 9 | 民和东垣 | 黄河流域 | 湟水 | 河流 | 青海省 | 海东市 |
| 10 | 乐都 | 黄河流域 | 湟水 | 河流 | 青海省 | 海东市 |
| 11 | 三其桥 | 黄河流域 | 沙塘川河 | 河流 | 青海省 | 海东市 |
| 12 | 唐乃亥 | 黄河流域 | 黄河 | 河流 | 青海省 | 海南藏族自治州 |
| 13 | 李家峡 | 黄河流域 | 黄河 | 河流 | 青海省 | 海南藏族自治州 |
| 14 | 龙羊峡库区出水口 | 黄河流域 | 龙羊峡水库 | 湖库 | 青海省 | 海南藏族自治州 |
| 15 | 赛尔龙 | 黄河流域 | 洮河 | 河流 | 青海省 | 海南藏族自治州 |
| 16 | 同仁水文站下游 | 黄河流域 | 隆务河 | 河流 | 青海省 | 黄南藏族自治州 |
| 17 | 润泽桥 | 黄河流域 | 北川河 | 河流 | 青海省 | 西宁市 |
| 18 | 塔尔桥 | 黄河流域 | 北川河 | 河流 | 青海省 | 西宁市 |
| 19 | 扎马隆 | 黄河流域 | 湟水 | 河流 | 青海省 | 西宁市 |
| 20 | 小峡桥 | 黄河流域 | 湟水 | 河流 | 青海省 | 西宁市 |

表 2-4　湟水流域"十四五"国控断面设置情况

| 序号 | 断面名称 | 所在流域 | 所在水体 | 水体类型 | 责任省（区） | 责任城市 |
|------|----------|----------|----------|----------|--------------|----------|
| 1 | 润泽桥 | 黄河流域 | 北川河 | 河流 | 青海省 | 西宁市 |
| 2 | 边墙村 | 黄河流域 | 湟水 | 河流 | 青海省 | 海东市 |
| 3 | 民和东垣 | 黄河流域 | 湟水 | 河流 | 青海省 | 海东市 |
| 4 | 乐都 | 黄河流域 | 湟水 | 河流 | 青海省 | 海东市 |
| 5 | 三其桥 | 黄河流域 | 沙塘川河 | 河流 | 青海省 | 海东市 |
| 6 | 甘冲口 | 黄河流域 | 大通河 | 河流 | 青海省 | 海北藏族自治州 |
| 7 | 金滩 | 黄河流域 | 湟水 | 河流 | 青海省 | 海北藏族自治州 |
| 8 | 峡塘 | 黄河流域 | 大通河 | 河流 | 青海省 | 海东市 |
| 9 | 塔尔桥 | 黄河流域 | 北川河 | 河流 | 青海省 | 西宁市 |
| 10 | 扎马隆 | 黄河流域 | 湟水 | 河流 | 青海省 | 西宁市 |
| 11 | 小峡桥 | 黄河流域 | 湟水 | 河流 | 青海省 | 西宁市 |

## 2.1.3 "十四五"省控断面设置

为了兼顾省水功能区和区县责任考核，将国控断面责任进行细化，青海省"十四五"共设置了省控断面62个，其中黄河流域44个，湟水流域断面占10个。"十四五"省控断面的选择大部分来自"十三五"省控断面、县域考核断面和水功能区断面，其中新增调整断面7个（表2-5，表2-6）。

表2-5　黄河流域"十四五"省控断面设置情况

| 序号 | 断面名称 | 水体类型 | 所在流域 | 所在水体 | 考核地市 | 考核县（区） |
|---|---|---|---|---|---|---|
| 1 | 大夏河出境 | 河流 | 黄河流域 | 大夏河 | 黄南州 | 同仁县 |
| 2 | 东河入黄口 | 河流 | 黄河流域 | 东河 | 海南州 | 贵德县 |
| 3 | 沙曲入黄口 | 河流 | 黄河流域 | 沙曲 | 果洛州 | 久治县 |
| 4 | 大通河海西州出境 | 河流 | 黄河流域 | 大通河 | 海西州 | 天峻县 |
| 5 | 老幼堡 | 河流 | 黄河流域 | 南川 | 西宁市 | 湟中县 |
| 6 | 扎毛水库（出口） | 河流 | 黄河流域 | 隆务河 | 黄南州 | 同仁县 |
| 7 | 扎陵湖 | 湖库 | 黄河流域 | 扎陵湖 | 果洛州 | 玛多县 |
| 8 | 西科曲下游 | 河流 | 黄河流域 | 西科曲 | 果洛州 | 甘德县 |
| 9 | 曲什安 | 河流 | 黄河流域 | 曲什安 | 海南州 | 兴海县 |
| 10 | 茫拉河下游 | 河流 | 黄河流域 | 芒拉河 | 海南州 | 贵南县 |
| 11 | 巴燕河入黄口 | 河流 | 黄河流域 | 巴燕河 | 海东市 | 化隆县 |
| 12 | 七一桥 | 河流 | 黄河流域 | 南川河 | 西宁市 | 城西区 |
| 13 | 朝阳桥 | 河流 | 黄河流域 | 北川河 | 西宁市 | 城北区 |
| 14 | 达日吉迈水文站上游 | 河流 | 黄河流域 | 吉迈河 | 果洛州 | 达日县 |
| 15 | 达日吉迈水文站 | 河流 | 黄河流域 | 黄河干流 | 果洛州 | 达日县 |
| 16 | 年保玉则湖 | 湖库 | 黄河流域 | 年保玉则湖 | 果洛州 | 久治县 |
| 17 | 玛沁黄河大桥下游（原黄河大桥下游） | 河流 | 黄河流域 | 黄河干流 | 果洛州 | 玛沁县 |
| 18 | 泽曲河（曲海村） | 河流 | 黄河流域 | 泽曲 | 黄南州 | 河南县 |
| 19 | 巴曲河下游 | 河流 | 黄河流域 | 巴曲河 | 海南州 | 同德县 |

续表

| 序号 | 断面名称 | 水体类型 | 所在流域 | 所在水体 | 考核地市 | 考核县（区） |
|---|---|---|---|---|---|---|
| 20 | 西河渠 | 河流 | 黄河流域 | 西河渠 | 海南州 | 贵德县 |
| 21 | 尖扎黄河大桥 | 河流 | 黄河流域 | 黄河干流 | 黄南州 | 尖扎县 |
| 22 | 黑嘴桥 | 河流 | 黄河流域 | 湟水 | 西宁市 | 湟中县 |
| 23 | 报社桥 | 河流 | 黄河流域 | 湟水 | 西宁市 | 城西区 /城北区 |
| 24 | 湾子桥 | 河流 | 黄河流域 | 湟水 | 海东市 | 平安区 |
| 25 | 老鸦峡口 | 河流 | 黄河流域 | 湟水 | 海东市 | 乐都区 |
| 26 | 龙羊峡水库入水口 | 湖库 | 黄河流域 | 黄河干流 | 海南州 | 共和县 |
| 27 | 龙羊峡水库湖心 | 湖库 | 黄河流域 | 黄河干流 | 海南州 | 共和县 |
| 28 | 西钢桥 | 河流 | 黄河流域 | 湟水 | 西宁市 | 城北区 |
| 29 | 贵德黄河大桥（原黄河大桥） | 河流 | 黄河流域 | 黄河干流 | 海南州 | 贵德县 |
| 30 | 泽曲河（泽库） | 河流 | 黄河流域 | 泽曲 | 黄南州 | 泽库县 |
| 31 | 柯生 | 河流 | 黄河流域 | 黄河干流 | 黄南州 | 河南县 |
| 32 | 红庄 | 河流 | 黄河流域 | 上水磨沟 | 海东市 | 互助县 |
| 33 | 药水河入湟口 | 河流 | 黄河流域 | 药水河 | 西宁市 | 湟源县 |
| 34 | 祁家川入湟口 | 河流 | 黄河流域 | 祁家川 | 海东市 | 平安区 |
| 35 | 引胜沟入湟口 | 河流 | 黄河流域 | 引胜沟 | 海东市 | 乐都区 |
| 36 | 巴州沟入湟口 | 河流 | 黄河流域 | 巴州沟 | 海东市 | 民和县 |
| 37 | 西纳川入湟口 | 河流 | 黄河流域 | 西纳川 | 西宁市 | 湟中县 |
| 38 | 清水河入黄口 | 河流 | 黄河流域 | 清水河 | 海东市 | 循化县 |
| 39 | 街子河入黄口 | 河流 | 黄河流域 | 街子河 | 海东市 | 循化县 |
| 40 | 卡子沟大桥 | 河流 | 黄河流域 | 浩门河 | 海北州 | 门源县 |
| 41 | 大石门水库出口 | 河流 | 黄河流域 | 甘河沟 | 西宁市 | 湟中县 |
| 42 | 善缘桥 | 河流 | 黄河流域 | 引胜沟 | 海东市 | 乐都区 |
| 43 | 西沟水库出口 | 河流 | 黄河流域 | 巴州沟 | 海东市 | 民和县 |
| 44 | 南门峡水库出水口 | 河流 | 黄河流域 | 沙塘川 | 海东市 | 互助县 |

表 2-6　湟水流域"十四五"省控断面设置情况

| 序号 | 断面名称 | 水体类型 | 所在流域 | 所在水体 | 考核地市 | 考核县（区） |
|---|---|---|---|---|---|---|
| 1 | 大通河海西州出境 | 河流 | 黄河流域 | 大通河 | 海西州 | 天峻县 |
| 2 | 老幼堡 | 河流 | 黄河流域 | 南川 | 西宁市 | 湟中县 |
| 3 | 七一桥 | 河流 | 黄河流域 | 南川河 | 西宁市 | 城西区 |
| 4 | 朝阳桥 | 河流 | 黄河流域 | 北川河 | 西宁市 | 城北区 |
| 5 | 黑嘴桥 | 河流 | 黄河流域 | 湟水 | 西宁市 | 湟中县 |
| 6 | 报社桥 | 河流 | 黄河流域 | 湟水 | 西宁市 | 城西区 / 城北区 |
| 7 | 湾子桥 | 河流 | 黄河流域 | 湟水 | 海东市 | 平安区 |
| 8 | 老鸦峡口 | 河流 | 黄河流域 | 湟水 | 海东市 | 乐都区 |
| 9 | 南门峡水库出水口 | 河流 | 黄河流域 | 沙塘川 | 海东市 | 互助县 |
| 10 | 西钢桥 | 河流 | 黄河流域 | 湟水 | 西宁市 | 城北区 |

## 2.2　水环境控制单元划定

### 2.2.1　"十三五"已有控制单元情况分析

（1）国家水环境控制单元

根据"水十条"全国控制单元划分结果，青海省共涉及国家重点流域控制单元 17 个，其中，黄河流域 12 个，包括湟水流域 8 个（表 2-7，表 2-8）。

表 2-7　黄河流域"十三五"国家重点流域控制单元划分

| 序号 | 流域 | 控制单元名称 | 主要水体 | 主控断面 | 断面类型 |
|---|---|---|---|---|---|
| 1 | 黄河流域 | 黄河海东市控制单元 | 黄河 | 大河家 | 维护型断面 |
| 2 | 黄河流域 | 黄河海南州控制单元 | 黄河 | 唐乃亥 | 维护型断面 |
| 3 | 黄河流域 | 黄河果洛州控制单元 | 黄河 | 门堂 | 维护型断面 |
| 4 | 黄河流域 | 龙羊峡水库海南州控制单元 | 龙羊峡水库 | 龙羊峡库区出水口 | 维护型断面 |

续表

| 序号 | 流域 | 控制单元名称 | 主要水体 | 主控断面 | 断面类型 |
|---|---|---|---|---|---|
| 5 | 黄河流域 | 湟水海东市控制单元 | 湟水 | 民和桥 | 维护型断面 |
| 6 | 黄河流域 | 湟水海北州控制单元 | 湟水 | 金滩 | 维护型断面 |
| 7 | 黄河流域 | 湟水西宁市小峡桥控制单元 | 湟水 | 小峡桥 | 改善型断面 |
| 8 | 黄河流域 | 湟水西宁市扎马隆控制单元 | 湟水 | 扎马隆 | 维护型断面 |
| 9 | 黄河流域 | 北川河西宁市塔尔桥控制单元 | 湟水 | 塔尔桥 | 维护型断面 |
| 10 | 黄河流域 | 北川河西宁润泽桥控制单元 | 湟水 | 润泽桥 | 改善型断面 |
| 11 | 黄河流域 | 大通河海东市峡塘控制单元 | 大通河 | 峡塘 | 维护型断面 |
| 12 | 黄河流域 | 大通河海北州甘冲口控制单元 | 大通河 | 甘冲口 | 维护型断面 |

### 表 2-8　湟水流域 "十三五" 国家重点流域控制单元划分

| 序号 | 流域 | 控制单元名称 | 主要水体 | 主控断面 | 断面类型 |
|---|---|---|---|---|---|
| 1 | 黄河流域 | 湟水海东市控制单元 | 湟水 | 民和桥 | 维护型断面 |
| 2 | 黄河流域 | 湟水海北州控制单元 | 湟水 | 金滩 | 维护型断面 |
| 3 | 黄河流域 | 湟水西宁市小峡桥控制单元 | 湟水 | 小峡桥 | 改善型断面 |
| 4 | 黄河流域 | 湟水西宁市扎马隆控制单元 | 湟水 | 扎马隆 | 维护型断面 |
| 5 | 黄河流域 | 北川河西宁市塔尔桥控制单元 | 湟水 | 塔尔桥 | 维护型断面 |
| 6 | 黄河流域 | 北川河西宁市润泽桥控制单元 | 湟水 | 润泽桥 | 改善型断面 |
| 7 | 黄河流域 | 大通河海东市峡塘控制单元 | 大通河 | 峡塘 | 维护型断面 |
| 8 | 黄河流域 | 大通河海北州甘冲口控制单元 | 大通河 | 甘冲口 | 维护型断面 |

（2）水环境控制子单元

在青海省国家控制单元划分的基础上，针对地方环境管理部门根据实际需要，进一步进行控制单元细化分区工作，青海省根据青海省各流域地形、水文、水功能区、排污口等实际情况，在国家控制单元划分成果基础上，进一步将青海省17个国家重点流域控制单元细化成95个控制子单元，其中河湟地区流域控制单元细化到乡镇，实现对水质污染区域的河湟地区重点管控（表2-9）。

表2-9 "十三五"黄河流域国家控制单元和细化控制子单元划分成果

| 流域 | 国家控制单元 | 青海省细化控制子单元 | 涉及县（区） | 主要水体 | 控制断面 |
|---|---|---|---|---|---|
| 黄河流域 | 黄河果洛州控制单元（含部分玉树州区域） | 大渡河班玛县控制子单元 | 班玛县 | 大渡河 | — |
| | | 多曲称多县控制子单元 | 称多县 | 多曲 | — |
| | | 黄河干流达日县控制子单元 | 达日县 | 黄河干流 | — |
| | | 黄河干流久治县控制子单元 | 久治县 | 黄河干流 | — |
| | | 黄河干流玛沁县控制子单元 | 玛沁县 | 黄河干流 | — |
| | | 西科曲甘德县控制子单元 | 甘德县 | 西科曲、东科曲 | — |
| | | 优尔曲玛多县玛沁县控制子单元 | 玛多县、玛沁县 | 优尔曲 | — |
| | | 扎陵湖鄂陵湖玛多县曲控制子单元 | 玛多县 | 鄂陵湖、扎陵湖 | — |
| | | 扎陵湖曲麻莱县控制子单元 | 曲麻莱县 | 扎陵湖 | — |
| | 黄河海东市控制单元（含海南州、黄南州部分区域） | 巴燕河化隆县控制子单元 | 化隆县 | 巴燕河 | — |
| | | 黄河干流贵德县控制子单元 | 贵德县 | 黄河干流 | 贵德 |
| | | 黄河干流贵南县控制子单元 | 贵南县 | 黄河干流 | — |
| | | 黄河干流化隆县控制子单元 | 化隆县 | 黄河干流 | 大河家 |
| | | 黄河干流尖扎县控制子单元 | 尖扎县 | 黄河干流 | 群科镇则塘村入黄河口、李家峡 |

| 流域 | 国家控制单元 | 青海省细化控制子单元 | 涉及县（区） | 主要水体 | 控制断面 |
|---|---|---|---|---|---|
| 黄河流域 | 黄河海东市控制单元（含海南州、黄南州部分区域） | 黄河干流民和县控制子单元 | 民和县 | 黄河干流 | 官亭 |
| | | 黄河干流循化县控制子单元 | 循化县 | 黄河干流 | — |
| | | 隆务河库泽县控制子单元 | 泽库县 | 隆务河 | — |
| | | 隆务河同仁县控制子单元 | 同仁县 | 隆务河 | 同仁水文站下游（隆务河入黄河口） |
| | | 清水河循化县控制子单元 | 循化县 | 清水河 | 清水河入黄河口 |
| | 黄河海南州控制单元（含果洛州、黄南州部分区域） | 黄河干流同德县控制子单元 | 同德县 | 黄河干流 | 唐乃亥 |
| | | 黄河干流兴海县控制子单元 | 兴海县 | 黄河干流 | 唐乃亥 |
| | | 切木曲玛沁县控制子单元 | 玛沁县 | 切木曲 | — |
| | | 泽曲河南县控制子单元 | 河南县 | 泽曲 | — |
| | | 泽曲泽库县控制子单元 | 泽库县 | 黄河干流、泽曲 | — |
| | 龙羊峡水库海南州控制单元 | 龙羊峡水库共和县控制子单元 | 共和县 | 龙羊峡水库 | 龙羊峡水库库心 |
| | | 龙羊峡水库兴海县控制子单元 | 兴海县 | 龙羊峡水库 | 龙羊峡水库入水口 |
| | | 芒拉河贵南县控制子单元 | 贵南县 | 芒拉河 | — |

**表 2-10 "十三五"湟水流域国家控制单元和细化控制子单元划分成果**

| 流域 | 国家控制单元 | 青海省细化控制子单元 | 涉及县（区） | 主要水体 | 控制断面 |
|---|---|---|---|---|---|
| 湟水流域 | 湟水海东市控制单元 | 白沈沟古城乡平安镇控制子单元 | 平安区（古城乡、平安镇、沙沟乡、巴藏沟乡） | 白沈沟 | 白沈沟入湟口 |
| | | 岗子沟瞿昙镇控制子单元 | 乐都区（瞿昙镇、下营乡、城台乡、峰堆乡、桃红营乡、中坝乡、蒲台乡） | 岗子沟 | 岗子沟入湟口 |

| 流域 | 国家控制单元 | 青海省细化控制子单元 | 涉及县（区） | 主要水体 | 控制断面 |
|---|---|---|---|---|---|
| 湟水流域 | 湟水海东市控制单元 | 哈拉直沟丹麻镇哈拉直沟乡控制子单元 | 互助县（丹麻镇、哈拉直沟乡、高寨镇、红崖子沟乡、五十镇、松多藏族乡） | 湟水干流、哈拉直沟 | 小峡桥、哈拉直沟入湟口 |
| | | 湟水干流高店镇碾伯镇控制子单元 | 乐都区（高店镇、雨润镇、碾伯镇） | 湟水、引胜沟 | 引胜沟入湟口 |
| | | 湟水干流高庙镇洪水镇控制子单元 | 乐都区（高庙镇、洪水镇） | 湟水干流 | 老鸦峡口 |
| | | 湟水干流松树乡川口镇控制子单元 | 民和县（松树乡、北山乡、核桃庄乡、巴州镇、川口镇） | 湟水干流 | 民和桥 |
| | | 隆冶沟古鄯镇隆冶乡控制子单元 | 民和县（古鄯镇、马营镇、大庄乡、总堡乡、隆冶乡、马场垣乡） | 隆冶沟 | 隆冶沟入湟口 |
| | | 祁家川石灰窑乡三合镇控制子单元 | 平安区（石灰窑乡、三合镇、洪水泉乡、小峡镇） | 祁家川 | 祁家川入湟口 |
| | | 松树沟峡门镇新民乡控制子单元 | 民和县（峡门镇、新民乡、李二堡镇、西沟乡） | 松树沟 | — |
| | | 下水磨沟李家乡马营乡控制子单元 | 乐都区（李家乡、马营乡、马厂乡、芦化乡、中岭乡、寿乐镇、共和乡、达拉乡） | 下水磨沟 | 土官口 |
| | 湟水西宁市小峡桥控制单元（含部分海东市、海北州区域） | 湟水干流鲁沙尔镇多巴镇控制子单元 | 湟中县（鲁沙尔镇、多巴镇、汉东乡、大才镇、甘河滩镇、西堡镇） | 湟水干流 | 黑嘴桥 |
| | | 湟水干流西宁城北区控制子单元 | 城北区 | 湟水 | 朝阳桥、报社桥 |
| | | 湟水干流西宁城东区控制子单元 | 城东区 | 湟水、沙塘川 | 沙塘川桥 |
| | | 湟水干流西宁城西区控制子单元 | 城西区 | 湟水、南川河 | 新宁桥、七一桥 |
| | | 湟水干流西宁城中区控制子单元 | 城中区 | 湟水 | — |

| 流域 | 国家控制单元 | 青海省细化控制子单元 | 涉及县（区） | 主要水体 | 控制断面 |
|---|---|---|---|---|---|
| 湟水流域 | 湟水西宁市小峡桥控制单元（含部分海东市、海北州区域） | 林川河林川乡台子乡控制子单元 | 互助县（林川乡、台子乡、南门峡镇、巴扎藏族乡） | 林川河 | — |
| | | 南川河上新庄镇总寨镇控制子单元 | 湟中县（上新庄镇、总寨镇） | 南川河 | 老幼堡 |
| | | 沙塘川河威远镇塘川镇控制子单元 | 互助县（威远镇、塘川镇、东沟乡、东山乡、蔡家堡乡、西山乡、五峰镇） | 沙塘川河 | 三其桥 |
| | | 西纳川河哈勒景蒙古族乡控制子单元 | 海晏县（哈勒景蒙古族乡） | 西纳川河 | — |
| | | 西纳川河上五庄镇拦隆口镇控制子单元 | 湟中县（上五庄镇、拦隆口镇） | 西纳川河 | — |
| | | 小南川河土门关乡田家寨镇控制子单元 | 湟中县（土门关乡、田家寨镇） | 小南川河 | 小南川河入湟口 |
| | 湟水西宁市扎马隆控制单元 | 湟水干流巴燕乡申中乡控制子单元 | 湟源县（寺寨乡、巴燕乡、申中乡） | 湟水干流 | — |
| | | 湟水干流城关镇东峡乡控制子单元 | 湟源县（城关镇、东峡乡） | 湟水干流 | 扎马隆 |
| | | 拉拉河大华镇控制子单元 | 湟源县（大华镇） | 拉拉河 | — |
| | | 药水河日月藏族乡和平乡控制子单元 | 湟源县（日月藏族乡、和平乡） | 药水河 | — |
| | 湟水海北州控制单元（含部分海西州区域） | 都兰河乌兰县控制子单元 | 乌兰县 | 都兰河 | 都兰河 |
| | | 湟水干流甘子河乡金滩乡控制子单元 | 海晏县（甘子河乡、金滩乡） | 湟水干流 | 金滩 |
| | | 青海湖共和县控制子单元 | 共和县 | 青海湖 | — |
| | | 青海湖海晏县控制子单元 | 海晏县 | 青海湖 | — |
| | | 沙柳河刚察县控制子单元 | 刚察县 | 沙柳河 | 沙柳河入青海湖口 |

| 流域 | 国家控制单元 | 青海省细化控制子单元 | 涉及县（区） | 主要水体 | 控制断面 |
|---|---|---|---|---|---|
| 湟水流域 | 北川河西宁市润泽桥控制单元 | 柏木峡河向化藏族乡朔北藏族乡控制子单元 | 大通县（向化藏族乡、朔北藏族乡、桦林乡、东峡镇） | 柏木峡河 | — |
| | | 北川河桥头镇长宁镇控制子单元 | 大通县（桥头镇、长宁镇、石山乡、黄家寨镇、景阳乡） | 北川河 | 润泽桥 |
| | 北川河西宁市塔尔桥控制单元 | 北川河宝库乡青山乡控制子单元 | 大通县（宝库乡、青山乡、多林镇、青山乡） | 北川河 | 峡门桥 |
| | | 北川河城关镇良教乡控制子单元 | 大通县（城关镇、良教乡、逊让乡、极乐乡、斜沟乡、新庄镇、塔尔乡） | 北川河 | 塔尔桥 |
| | 大通河海北州甘冲口控制单元（含部分海西州区域） | 大通河刚察县控制子单元 | 刚察县 | 大通河（浩门河） | — |
| | | 大通河祁连县控制子单元 | 祁连县 | 大通河（浩门河） | 浩门河纳子峡 |
| | | 大通河上游门源县控制子单元 | 门源县 | 大通河（浩门河） | — |
| | | 大通河天峻县控制子单元 | 天峻县 | 大通河（浩门河） | — |
| | | 老虎沟门源县控制子单元 | 门源县 | 老虎沟 | — |
| | 大通河海东市峡塘控制单元（含部分海北州区域） | 大通河互助县控制子单元 | 互助县 | 大通河 | 峡塘 |
| | | 大通河下游门源县控制子单元 | 门源县 | 大通河 | — |

## 2.2.2 "十四五"控制单元与汇水范围划分

### （1）国家控制单元划分

为了更好实现水陆统筹、三水统筹，"十四五"国家控制单元管理从国家层面以流域为基础对省份进行考核，一个流域一个控制单元，水环境保护和污染防治围绕流域展开。根据"十四五"国家空间管控体系及青海省国控断面设置情况，青海省长江、黄河、西北诸河流域共有13条河流流域，主要为黄河、湟水、大通河、洮河、黑河、青海湖、澜沧江、大渡河、通天河、雅砻江、格尔木河、察汗乌苏、克鲁克湖。由于青海省西北诸河面积大、水系相对简单，将格尔木河、察汗乌苏、克鲁克湖水系共划为一个控制单位，为此将青海省全省划分11个控制单元，其中黄河流域有4个，包括湟水流域2个，具体情况如表2-11、表2-12所示。

表 2-11　黄河流域"十四五"水环境控制单元划分情况

| 序号 | 控制单元名称 | 主控断面名称 | 所在流域 | 所在水体 | 责任省 |
|------|------------|------------|---------|---------|--------|
| 1 | 黄河海东市大河家控制单元 | 大河家 | 黄河流域 | 黄河 | 青海省 |
| 2 | 湟水海东市边墙村控制单元 | 边墙村 | 黄河流域 | 湟水 | 青海省 |
| 3 | 大通河海东市峡塘控制单元 | 峡塘 | 黄河流域 | 大通河 | 青海省 |
| 4 | 洮河黄南州藏族自治州赛尔龙控制单元 | 赛尔龙 | 黄河流域 | 洮河 | 青海省 |

表 2-12　湟水流域"十四五"水环境控制单元划分情况

| 序号 | 控制单元名称 | 主控断面名称 | 所在流域 | 所在水体 | 责任省 |
|------|------------|------------|---------|---------|--------|
| 1 | 湟水海东市边墙村控制单元 | 边墙村 | 黄河流域 | 湟水 | 青海省 |
| 2 | 大通河海东市峡塘控制单元 | 峡塘 | 黄河流域 | 大通河 | 青海省 |

### （2）汇水范围划分

为了向下分解水环境保护与治污责任，针对每个断面开展精准决策管理，提升流域整体水环境质量，需要将流域控制单元按国控断面汇水范围进行细化，找出每个控制断面对应的陆域范围。针对青海省37个国

控断面共划分 30 个国控断面汇水范围，黄河流域有 18 个，包括湟水流域
9 个，具体情况如表 2-13 所示。

表 2-13　黄河流域"十四五"国控断面汇水范围

| 序号 | 断面名称 | 所在流域 | 所在水体 | 省区 | 县（区） | 乡镇 |
|---|---|---|---|---|---|---|
| 1 | 润泽桥 | 黄河流域 | 北川河 | 青海省 | 互助土族自治县 | 五峰镇 |
| 2 | 润泽桥 | 黄河流域 | 北川河 | 青海省 | 大通回族土族自治县 | 东峡镇、桦林乡、黄家寨镇、景阳镇、桥头镇、石山乡、朔北藏族乡、向化藏族乡、长宁镇、宝库乡、城关镇、多林镇、极乐乡、良教乡、青林乡、青山乡、塔尔镇、斜沟乡、新庄镇、逊让乡 |
| 3 | 峡塘/甘冲口 | 黄河流域 | 大通河 | 青海省 | 门源回族自治县 | 北山乡、东川镇、浩门镇、皇城蒙古族乡、麻莲乡、青石咀镇、泉口镇、苏吉滩乡、西滩乡、仙米乡、阴田乡、珠固乡 |
| | | 黄河流域 | 大通河 | 青海省 | 互助土族自治县 | 巴扎藏族乡、加定镇 |
| 4 | 浩门河纳子峡 | 黄河流域 | 浩门河 | 青海省 | 祁连县 | 默勒镇 |
| | | 黄河流域 | 浩门河 | 青海省 | 天峻县 | 木里镇 |
| 5 | 玛多 | 黄河流域 | 黄河 | 青海省 | 玛多县 | 玛查理镇、扎陵湖乡 |
| | | 黄河流域 | 黄河 | 青海省 | 曲麻莱县 | 麻多乡 |
| 6 | 门堂 | 黄河流域 | 黄河 | 青海省 | 达日县 | 德昂乡、吉迈镇、建设乡、莫坝乡、桑日麻乡、特合土乡、窝赛乡 |
| | | 黄河流域 | 黄河 | 青海省 | 甘德县 | 岗龙乡、江千乡、柯曲镇、青珍乡、上贡麻乡、下藏科乡、下贡麻乡 |
| | | 黄河流域 | 黄河 | 青海省 | 久治县 | 门堂乡、索乎日麻乡、哇赛乡、智青松多镇 |
| | | 黄河流域 | 黄河 | 青海省 | 玛多县 | 黄河乡 |
| | | 黄河流域 | 黄河 | 青海省 | 玛沁县 | 当洛乡、优云乡 |

续表

| 序号 | 断面名称 | 所在流域 | 所在水体 | 省区 | 县（区） | 乡镇 |
|---|---|---|---|---|---|---|
| 7 | 大河家 | 黄河流域 | 黄河 | 青海省 | 化隆回族自治县 | 阿什奴乡、昂思多镇、巴燕镇、查甫藏族乡、初麻乡、德恒隆乡、二塘乡、甘都镇、金源藏族乡、群科镇、沙连堡乡、石大仓乡、塔加藏族乡、谢家滩乡、牙什尕镇、扎巴镇 |
| | | 黄河流域 | 黄河 | 青海省 | 民和回族土族自治县 | 甘沟乡、官亭镇、满坪镇、前河乡、杏儿藏族乡、中川乡 |
| | | 黄河流域 | 黄河 | 青海省 | 循化撒拉族自治县 | 白庄镇、查汗都斯乡、道帏藏族乡、尕楞藏族乡、岗察藏族乡、积石镇、街子镇、清水乡、文都藏族乡 |
| | | 黄河流域 | 黄河 | 青海省 | 尖扎县 | 昂拉乡、措周乡、当顺乡、贾加乡、尖扎滩乡、康扬镇、马克唐镇、能科乡 |
| | | 黄河流域 | 黄河 | 青海省 | 同仁县 | 保安镇、瓜什则乡、黄乃亥乡、兰采乡、双朋西乡 |
| 8 | 李家峡 | 黄河流域 | 黄河 | 青海省 | 化隆回族自治县 | 雄先藏族乡 |
| | | 黄河流域 | 黄河 | 青海省 | 贵德县 | 常牧镇、尕让乡、河东乡、河西镇、河阴镇、拉西瓦镇、新街回族乡 |
| | | 黄河流域 | 黄河 | 青海省 | 尖扎县 | 坎布拉镇 |
| | | 黄河流域 | 黄河 | 青海省 | 湟中县 | 群加藏族乡 |
| 9 | 唐乃亥 | 黄河流域 | 黄河 | 青海省 | 玛沁县 | 大武乡、大武镇、东倾沟乡、拉加镇、下大武乡、雪山乡 |
| | | 黄河流域 | 黄河 | 青海省 | 同德县 | 巴沟乡、尕巴松多镇、河北乡、唐谷镇、秀麻乡 |
| | | 黄河流域 | 黄河 | 青海省 | 兴海县 | 龙藏乡、曲什安镇、唐乃亥乡、温泉乡、中铁乡、子科滩镇 |
| | | 黄河流域 | 黄河 | 青海省 | 河南蒙古族自治县 | 多松乡、柯生乡、宁木特镇、托叶玛乡、优干宁镇 |
| | | 黄河流域 | 黄河 | 青海省 | 泽库县 | 和日镇、宁秀乡、王家乡、泽曲镇 |

| 序号 | 断面名称 | 所在流域 | 所在水体 | 省区 | 县（区） | 乡镇 |
|---|---|---|---|---|---|---|
| 10 | 金滩 | 黄河流域 | 湟水 | 青海省 | 海晏县 | 哈勒景蒙古族乡、金滩乡、三角城镇、西海镇 |
| 11 | 边墙村/民和东垣 | 黄河流域 | 湟水 | 青海省 | 乐都区 | 高庙镇、洪水镇、李家乡、芦化乡、马厂乡、马营乡、蒲台乡、瞿昙镇、寿乐镇、中坝藏族乡、中岭乡 |
| | | 黄河流域 | 湟水 | 青海省 | 民和回族土族自治县 | 巴州镇、北山乡、川口镇、大庄乡、古鄯镇、核桃庄乡、李二堡镇、隆治乡、马场垣乡、马营镇、松树乡、西沟乡、峡门镇、新民乡、转导乡、总堡乡 |
| 12 | 乐都 | 黄河流域 | 湟水 | 青海省 | 互助土族自治县 | 丹麻镇、高寨镇、哈拉直沟乡、红崖子沟乡、松多藏族乡、五十镇 |
| | | 黄河流域 | 湟水 | 青海省 | 乐都区 | 城台乡、达拉土族乡、峰堆乡、高店镇、共和乡、碾伯镇、下营藏族乡、雨润镇 |
| | | 黄河流域 | 湟水 | 青海省 | 平安区 | 巴藏沟回族乡、古城回族乡、洪水泉回族乡、平安镇、三合镇、沙沟回族乡、石灰窑回族乡、小峡镇 |
| 13 | 小峡桥 | 黄河流域 | 湟水 | 青海省 | 城北区 | 朝阳街道、大堡子镇、火车西站街道、马坊街道、廿里铺镇、小桥大街街道 |
| | | 黄河流域 | 湟水 | 青海省 | 城东区 | 乐家湾镇、韵家口镇 |
| | | 黄河流域 | 湟水 | 青海省 | 城西区 | 古城台街道、虎台街道、彭家寨镇、胜利路街道、通海路街道、文汇路街道、西关大街街道、兴海路街道 |
| | | 黄河流域 | 湟水 | 青海省 | 城中区 | 仓门街街道、礼让街街道、南川东路街道、南川西路街道、南滩街道、人民街街道、饮马街街道、总寨镇 |

续表

| 序号 | 断面名称 | 所在流域 | 所在水体 | 省区 | 县（区） | 乡镇 |
|---|---|---|---|---|---|---|
| 13 | 小峡桥 | 黄河流域 | 湟水 | 青海省 | 湟中县 | 大才回族乡、多巴镇、甘河滩镇、海子沟乡、汉东回族乡、康川街道、拦隆口镇、李家山镇、鲁沙尔镇、上五庄镇、上新庄镇、田家寨镇、土门关乡、西堡镇 |
| 14 | 扎马隆 | 黄河流域 | 湟水 | 青海省 | 湟源县 | 巴燕乡、波航乡、城关镇、大华镇、东峡乡、和平乡、日月藏族乡、申中乡、寺寨乡 |
|  |  | 黄河流域 | 湟水 | 青海省 | 湟中县 | 共和镇 |
| 15 | 龙羊峡水库区出水口 | 黄河流域 | 龙羊峡水库 | 青海省 | 共和县 | 龙羊峡镇、恰卜恰镇、铁盖乡 |
|  |  | 黄河流域 | 龙羊峡水库 | 青海省 | 贵南县 | 过马营镇、茫拉乡、茫曲镇、森多镇、沙沟乡、塔秀乡 |
| 16 | 同仁水文站下游 | 黄河流域 | 隆务河 | 青海省 | 同仁县 | 多哇镇、加吾乡、隆务镇、年都乎乡、曲库乎乡、扎毛乡 |
|  |  | 黄河流域 | 隆务河 | 青海省 | 泽库县 | 多禾茂乡、麦秀镇、西卜沙乡 |
| 17 | 三其桥 | 黄河流域 | 沙塘川河 | 青海省 | 互助土族自治县 | 蔡家堡乡、东沟乡、东和乡、东山乡、林川乡、南门峡镇、台子乡、塘川镇、威远镇、西山乡 |
| 18 | 赛尔龙 | 黄河流域 | 洮河 | 青海省 | 河南蒙古族自治县 | 赛尔龙乡 |

# 2.3  水功能区优化调整

## 2.3.1  水功能区划状况分析

（1）全国重要江河湖泊水功能区划

2011年12月，国务院批复了《全国重要江河湖泊水功能区划（2011—

2030年)》。全国重要江河湖泊水功能区是在全国31个省（自治区、直辖市）人民政府批复的辖区水功能区划的基础上，从实行最严格水资源管理制度，加强国家对水资源的保护和管理出发，按照下列原则选定：①国家重要江河干流及其主要支流的水功能区；②重要的涉水国家级及省级自然保护区、国际重要湿地和重要的国家级水产种质资源保护区、跨流域调水水源地及重要饮用水水源地的水功能区；③国家重点湖库水域的水功能区，主要包括对区域生态保护和水资源开发利用具有重要意义的湖泊和水库水域的水功能区；④主要省际边界水域、重要河口水域等协调省际间用水关系以及内陆与海洋水域功能关系的水功能区。同时，根据《实行最严格水资源管理制度考核办法》，重要江河湖泊水功能区水质达标率是最严格水资源管理制度考核内容之一，每年均会对重要江河湖泊水功能区水质达标状况进行监测和考核。

根据《全国重要江河湖泊水功能区划（2011—2030年）》，青海省黄河流域内列入全国重要江河湖泊一级水功能区共12个，区划河长2 834.3 km。其中，保护区3个、占全部功能区的25%，区划河长531.7 km，占总河长的19%；保留区2个，占全部功能区的17%，区划河长1 516 km，占总河长的53%；开发利用区3个，占全部功能区的25%，区划河长612.8 km，占总河长的22%；缓冲区4个，占全部功能区的25%，区划河长173.8 km，占总河长的6%。具体见表2-14。

表2-14 青海省黄河流域重要江河湖泊水功能区划的一级水功能区区划

| 序号 | 一级水功能区名称 | 流域 | 水系 | 河流/湖库 | 起始断面 | 终止断面 | 面积/（km²） | 水质目标 | 涉及省级行政区 |
|---|---|---|---|---|---|---|---|---|---|
| 1 | 黄河玛多源头水保护区 | 黄河流域 | 龙羊峡以上 | 黄河 | 源头 | 黄河沿水文站 | 270 | Ⅱ | 青 |
| 2 | 黄河青甘川保留区 | 黄河流域 | 龙羊峡以上 | 黄河 | 黄河沿水文站 | 龙羊峡大坝 | 1 417.2 | Ⅱ | 青、甘、川 |

| 序号 | 一级水功能区名称 | 流域 | 水系 | 河流/湖库 | 起始断面 | 终止断面 | 面积/（km²） | 水质目标 | 涉及省级行政区 |
|---|---|---|---|---|---|---|---|---|---|
| 3 | 黄河青海开发利用区 | 黄河流域 | 龙羊峡至兰州 | 黄河 | 龙羊峡大坝 | 清水河入口 | 228.2 | 按二级区划执行 | 青 |
| 4 | 黄河青甘缓冲区 | 黄河流域 | 龙羊峡至兰州 | 黄河 | 清水河入口 | 朱家大湾 | 41.5 | Ⅱ | 青、甘 |
| 5 | 湟水海晏源头水保护区 | 黄河流域 | 龙羊峡至兰州 | 湟水 | 源头 | 海晏县桥 | 75.9 | Ⅱ | 青 |
| 6 | 湟水西宁开发利用区 | 黄河流域 | 龙羊峡至兰州 | 湟水 | 海晏县桥 | 民和水文站 | 223.7 | 按二级区划执行 | 青 |
| 7 | 湟水青甘缓冲区 | 黄河流域 | 龙羊峡至兰州 | 湟水 | 民和水文站 | 入黄口 | 74.3 | Ⅳ | 青、甘 |
| 8 | 大通河吴松他拉源头水保护区 | 黄河流域 | 龙羊峡至兰州 | 大通河 | 源头 | 吴松他拉站 | 185.8 | Ⅱ | 青 |
| 9 | 大通河门源保留区 | 黄河流域 | 龙羊峡至兰州 | 大通河 | 吴松他拉站 | 石头峡 | 98.8 | Ⅱ | 青 |
| 10 | 大通河门源开发利用区 | 黄河流域 | 龙羊峡至兰州 | 大通河 | 石头峡 | 甘禅沟入口 | 160.9 | 按二级区划执行 | 青 |
| 11 | 大通河青甘缓冲区 | 黄河流域 | 龙羊峡至兰州 | 大通河 | 甘禅沟入口 | 金沙沟入口 | 43.4 | Ⅲ | 青、甘 |
| 12 | 大通河甘青缓冲区 | 黄河流域 | 龙羊峡至兰州 | 大通河 | 大砂村 | 入湟口 | 14.6 | Ⅲ | 甘、青 |

青海省黄河流域内的 3 个开发利用区共划分为二级水功能区 13 个，其中工业保护区 2 个，区划河长 26.3 km；过渡区 2 个，区划河长 43.1 km；景观娱乐用水区 1 个，区划河长 4.8 km；农业用水区 6 个，区划河长 518.1 km；排污控制区 1 个，区划河长 10.2 km；饮用水水源区 1 个，区划

河长 10.3 km。具体见表 2-15。

表 2-15　黄河流域江河湖泊水功能区划的二级水功能区区划

| 序号 | 二级水功能区名称 | 所在一级水功能区名称 | 流域 | 水系 | 河流、湖库 | 起始断面 | 终止断面 | 面积 /（km²） | 水质目标 | 省级行政区 |
|------|------|------|------|------|------|------|------|------|------|------|
| 1 | 黄河李家峡农业用水区 | 黄河青海开发利用区 | 黄河流域 | 龙羊峡至兰州 | 黄河 | 龙羊峡大坝 | 李家峡大坝 | 102 | Ⅱ | 青 |
| 2 | 黄河尖扎、循化农业用水区 | 黄河青海开发利用区 | 黄河流域 | 龙羊峡至兰州 | 黄河 | 李家峡大坝 | 清水河入口 | 126.2 | Ⅱ | 青 |
| 3 | 湟水海晏农业用水区 | 湟水西宁开发利用区 | 黄河流域 | 龙羊峡至兰州 | 湟水 | 海晏县桥 | 湟源县 | 43.3 | Ⅱ | 青 |
| 4 | 湟水湟源过渡区 | 湟水西宁开发利用区 | 黄河流域 | 龙羊峡至兰州 | 湟水 | 湟源县 | 扎马隆 | 21.1 | Ⅲ | 青 |
| 5 | 湟水西宁饮用水水源区 | 湟水西宁开发利用区 | 黄河流域 | 龙羊峡至兰州 | 湟水 | 扎马隆 | 黑咀 | 10.3 | Ⅲ | 青 |
| 6 | 湟水西宁城西工业用水区 | 湟水西宁开发利用区 | 黄河流域 | 龙羊峡至兰州 | 湟水 | 黑咀 | 新宁桥 | 20.3 | Ⅳ | 青 |
| 7 | 湟水西宁景观娱乐用水区 | 湟水西宁开发利用区 | 黄河流域 | 龙羊峡至兰州 | 湟水 | 新宁桥 | 建国路桥 | 4.8 | Ⅳ | 青 |
| 8 | 湟水西宁城东工业用水区 | 湟水西宁开发利用区 | 黄河流域 | 龙羊峡至兰州 | 湟水 | 建国路桥 | 团结桥 | 6 | Ⅳ | 青 |
| 9 | 湟水西宁排污控制区 | 湟水西宁开发利用区 | 黄河流域 | 龙羊峡至兰州 | 湟水 | 团结桥 | 小峡桥 | 10.2 | 一 | 青 |

| 序号 | 二级水功能区名称 | 所在一级水功能区名称 | 流域 | 水系 | 河流、湖库 | 起始断面 | 终止断面 | 面积/（km²） | 水质目标 | 省级行政区 |
|---|---|---|---|---|---|---|---|---|---|---|
| 10 | 湟水平安过渡区 | 湟水西宁开发利用区 | 黄河流域 | 龙羊峡至兰州 | 湟水 | 小峡桥 | 平安县 | 22 | IV | 青 |
| 11 | 湟水乐都农业用水区 | 湟水西宁开发利用区 | 黄河流域 | 龙羊峡至兰州 | 湟水 | 平安县 | 乐都水文站 | 32.3 | IV | 青 |
| 12 | 湟水民和农业用水区 | 湟水西宁开发利用区 | 黄河流域 | 龙羊峡至兰州 | 湟水 | 乐都水文站 | 民和水文站 | 53.4 | IV | 青 |
| 13 | 大通河门源农业用水区 | 大通河门源开发利用区 | 黄河流域 | 龙羊峡至兰州 | 大通河 | 石头峡 | 甘禅沟入口 | 160.9 | III | 青 |

（2）黄河流域分区结果

从流域来看，黄河流域 48 条河流，河长 6 384.8 km，划分一级水功能区 63 个；西北诸河流域河流 30 条，河长 5 251.9 km，2 个湖泊，湖泊总面积 4 350.7 km²，划分一级水功能区 45 个。

从流域来看，黄河流域划分二级水功能区共 59 个，合计河长 2 337.3 km，其中：饮用水水源区 14 个、工业用水区 7 个、农业用水区 32 个、景观娱乐用水区 3 个、过渡区 2 个、排污控制区 1 个。

（3）行政分区结果

从行政区域来看，西宁市河流 10 条，划分一级水功能区 14 个，代表河长 681.8 km；海东市河流 17 条，划分一级水功能区 20 个，代表河长 959.0 km；海北州河流 13 条，湖泊 1 个，划分一级水功能区 25 个，代表河长 2 270.3 km，代表面积 4 294 km²；海南州河流 10 条，划分一级水功能区 11 个，代表河长 2 797.9 km；海西州河流 20 条，湖泊 1 个，划分一级水功能区 26 个，代表河长 3 447.9 km，代表面积 56.7 km²；黄南州河流

5 条，划分一级水功能区 9 个，代表河长 583.4 km；果洛州河流 10 条，划分一级水功能区 13 个，代表河长 1 495.4 km；玉树州河流 13 条，划分一级水功能区 10 个，代表河长 2 813.5 km。其中：黄河、大通河、湟水为跨州（地、市）河流，不考虑重复计算，区划河流 93 条，湖泊 2 个；1 个跨西宁、海北、海东三个地区的一级水功能区，不考虑重复计算。

从各地区水功能区类型来看，缓冲区主要分布在海东市、黄南州和果洛州，保护区主要分布在海北州、果洛州和玉树州；保留区主要分布在海南州、黄南州、果洛州和玉树州；开发利用区主要分布在西宁市、海东市和海西州。

## 2.3.2 水功能区与控制单元分区体系对比分析

水功能区划采用两级体系（图 2-1）。一级区划分为保护区、保留区、开发利用区、缓冲区四类，旨在从宏观上调整水资源开发利用与保护的关系，主要协调地区间用水关系，同时考虑区域可持续发展对水资源的需求；二级区划将一级区划中的开发利用区细化为饮用水水源区、工业用水区、农业用水区、渔业用水区、景观娱乐用水区、过渡区、排污控制区七类，主要协调不同用水行业间的关系。

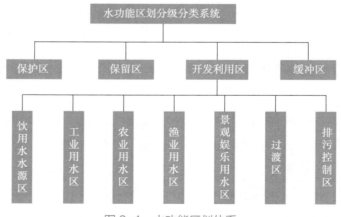

图 2-1 水功能区划体系

　　"九五"期间，全国首次在淮河流域开展了水陆衔接的分区工作，建立了我国水环境分区管理的雏形。受当时统计、监测、管理水平相对落后以及信息技术尚未普及的影响，控制单元划分过程中未能充分考虑行政边界，分区作用未能充分发挥。"十五""十一五"时期，"三河三湖"及黄河中上游流域规划大致沿用了"九五"分区体系，并进行了调整和完善。同时，这一阶段开始将管理措施向控制单元落地，如淮河、海河等流域分别提出了控制单元水质、总量控制目标。"十二五"以来，水环境分区工作统筹流域自然汇水和行政管理需求，将控制单元边界与行政边界有效衔接。控制单元在流域管理中得到了积极、有效的应用。

　　"十三五"以来全国建立流域—水生态控制区—控制单元三级分区体系。流域是国家水生态环境管理的空间尺度，国家按照流域编制相关规划，充分体现国家总体目标和战略部署。流域层面的水环境管理重点在流域水污染防治宏观布局，明确流域水污染防治重点和方向，协调流域内上下游、左右岸等跨省级行政区的水环境管理工作。水生态控制区是省级行政水环境管理的空间尺度，主要起承上启下的作用，将国家目标和任务分解到省，各省编制本省的流域水污染防治计划。控制区层面由地方政府重点落实水污染防治目标、责任和任务，协调省内上下游跨界水环境保护工作。控制单元是水系相对封闭、产排污相对独立的空间单位，具体落实水环境管理目标。在流域水污染防治工作中，控制单元是水环境管理的基本单元，是基础数据统计、水环境问题分析、陆域排污与河流水质的响应关系建立、污染削减任务核算、治污项目安排的空间单元。

　　目前已形成了覆盖全国十大流域的分区管理体系，并实施分级（优先控制单元和一般控制单元）、分类管理（水质改善型和防止退化型），按控制单元开展了方案编制、会商诊断、规划考核、区域限批等工作。

　　"十四五"时期，水环境分区体系发生了重大变化，按照"流域统筹、区域落实"的思路，打通水里和岸上，以保护水体生态环境功能、明晰各级行政辖区责任为目的，逐步建立包括全国—流域—水功能区—控制

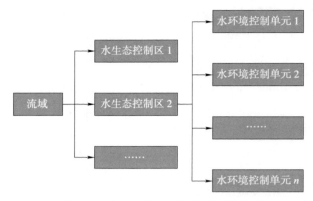

图 2-2 "十三五" 水环境分区管控体系

单元—行政辖区五个层级、覆盖全国的流域空间管控体系（图 2-3）。流域分区管理体系以融合水功能区为先决条件，在《中华人民共和国国民经济和社会发展第十三个五年规划纲要》的 1 784 个控制单元基础上继续深化，建立流域、控制单元、水功能区三级管理分区。流域层级强调统筹设计、总体把握，主要把握水污染防治的宏观布局，明确流域水污染防治重点和方向，协调流域内上下游、左右岸及各行政区的防治工作。控制单元层级是与《中华人民共和国国民经济和社会发展第十三个五年规划纲要》概念一致、融合水功能区（国家水功能区、部分地方水功能区）、更为精细的水陆结合单元，是综合污染防治科学性和行政管理便利性的空间实体，是流域分区管理体系最核心的组成部分，主要是为在可操作的、责任落实、空间落地的尺度上建立"一点两线"分析框架、因地制宜地实施精细化、差别化管理，落实总量控制、环评审批、排污许可等环境管理措施提供空间载体。控制单元以水功能区为核心，并兼顾其他水体保护需求而划分。对于划定国家水功能区（4 493 个）的水体，对国家水功能区以水定陆划分控制单元，保证控制单元与水功能区边界的对应关系；对于未划定国家水功能区的水体，以地方水功能区（部分省级水功能区）、重要水体及关键节点（主要为省、地市边界）划分控制单元。《中华人民共和国国民经济和社会发展第十四个五年规划和 2035 年远景目标纲要》兼顾水功能区保护和厘清行政责任双重需求，控制单元划分更加精细，控制单元数量较《中华人民共和国国民经济和社会发展第十三个五年规划纲要》明显增加。水功能区层级包括4 493个国家水功能区和部分省级水功能区，是依托分区管理体系实施水生态环境保护的主体，通过对水功能区设置控制断面、划分控制单元，并在控制单元内实施治污减排、节水增容、生态修复等综合性措施，保证水体水质逐步达到使用功能要求。同时，水体使用功能要求也是确定河湖水质、水生态保护目标的依据。原则上每个水功能区均有一一对应的控制断面和控制单元，部分河长较短、不利于单独实施空间管控的水功能区，可与其他水功能区组合后再设置控制断面、划分控制单元。包括以下几种情况：①一条河流10 km以内有多个连续水功能区，河段不跨界、无支流汇入且近三年水质现状、目标相同；②一级水功能区中的水源保护区、保留区或二级水功能区中的饮用水水源区连续分布，且均为Ⅱ类以上水体；③缓冲区近三年水质状况与相邻水功能区相同或相近；④相邻的工业、农业用水区近三年水质状况相近，且实际管理边界区分度不高；⑤排污控制区与过渡区连续分布；⑥随城市建成区扩张，原有的若干水功能区不复存在，目前均为景观娱乐用水区。

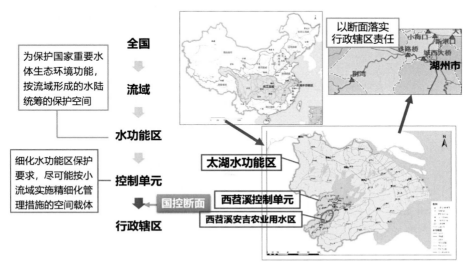

图2-3 "十四五"期间水环境分区管控体系

### 2.3.3 水功能区与控制单元、汇水范围目标对比分析

黄河流域一级功能区共 29 个，其中，保护区 8 个、保留区 15 个、缓冲区 6 个。水质目标为 Ⅱ 类的 21 个，占比 72.41%；Ⅲ 类的 7 个，占比 24.13%；Ⅳ 类的 1 个，占比 3.44%。具体情况见表 2-16。

表 2-16　黄河流域一级功能区水质目标

| 序号 | 一级水功能区名称 | 所在流域 | 所在水系 | 水资源三级区 | 地级行政区 | 河流、湖库 | 范围起始断面 | 范围终止断面 | 水质控制断面 | 水质目标 | 是否为全国重要江河湖泊水功能区 |
|---|---|---|---|---|---|---|---|---|---|---|---|
| 1 | 黄河玛多源头水保护区 | 黄河 | 黄河 | 河源至玛曲 | 玉树藏族自治州、果洛藏族自治州 | 黄河 | 源头 | 黄河沿水文站 | 玛多 | Ⅱ | 是 |
| 2 | 黄河青甘川保留区 | 黄河 | 黄河 | 河源至玛曲、玛曲至龙羊峡 | 果洛藏族自治州、黄南藏族自治州、海南藏族自治州 | 黄河 | 黄河沿水文站 | 龙羊峡大坝 | 玛曲 | Ⅱ | 是 |
| 3 | 达日河达日保留区 | 黄河 | 黄河 | 河源至玛曲 | 果洛藏族自治州 | 达日河 | 源头 | 入黄口 | 建设乡 | Ⅱ | 否 |
| 4 | 吉迈河达日保留区 | 黄河 | 黄河 | 河源至玛曲 | 果洛藏族自治州 | 吉迈河 | 源头 | 入黄口 | 吉迈镇 | Ⅱ | 否 |
| 5 | 沙曲久治保留区 | 黄河 | 黄河 | 河源至玛曲 | 果洛藏族自治州 | 沙曲 | 源头 | 入黄口 | 沙科 | Ⅱ | 否 |
| 6 | 西柯河甘德保留区 | 黄河 | 黄河 | 河源至玛曲 | 果洛藏族自治州 | 西柯河 | 源头 | 入黄口 | 下贡麻乡 | Ⅱ | 否 |
| 7 | 切木曲玛沁保留区 | 黄河 | 黄河 | 河源至玛曲 | 果洛藏族自治州 | 切木曲 | 源头 | 入黄口 | 格曲汇口桥 | Ⅱ | 否 |
| 8 | 泽曲泽库河南保留区 | 黄河 | 黄河 | 玛曲至龙羊峡 | 黄南藏族自治州 | 泽曲 | 源头 | 入黄口 | 宁木特 | Ⅱ | 否 |
| 9 | 巴曲同德保留区 | 黄河 | 黄河 | 玛曲至龙羊峡 | 海南藏族自治州、黄南藏族自治州 | 巴曲 | 源头 | 入黄口 | 曲乃亥 | Ⅲ | 否 |

续表

| 序号 | 一级水功能区名称 | 所在 | | 水资源三级区 | 地级行政区 | 河流、湖库 | 范围 | | 水质控制断面 | 水质目标 | 是否为全国重要江河湖泊水功能区 |
|---|---|---|---|---|---|---|---|---|---|---|---|
| | | 流域 | 水系 | | | | 起始断面 | 终止断面 | | | |
| 10 | 曲什安河兴海保留区 | 黄河 | 黄河 | 玛曲至龙羊峡 | 海南藏族自治州、果洛藏族自治州 | 曲什安河 | 源头 | 入黄口 | 大米滩 | III | 否 |
| 11 | 大河坝河兴海保留区 | 黄河 | 黄河 | 玛曲至龙羊峡 | 海南藏族自治州 | 大河坝河 | 源头 | 入黄口 | 上村 | III | 否 |
| 12 | 大通河吴松他拉源头水保护区 | 黄河 | 大通河 | 大通河享堂以上 | 海西蒙古族藏族自治州、海北藏族自治州 | 大通河 | 源头 | 吴松他拉 | 吴松他拉 | II | 是 |
| 13 | 大通河门源保留区 | 黄河 | 大通河 | 大通河享堂以上 | 海北藏族自治州 | 大通河 | 吴松塔拉 | 石头峡水电站 | 石头峡水电站 | II | 是 |
| 14 | 大通河青甘缓冲区 | 黄河 | 大通河 | 大通河享堂以上 | 海东市 | 大通河 | 甘禅沟入口 | 金沙沟入口 | 甘禅口 | III | 是 |
| 15 | 大通河甘青缓冲区 | 黄河 | 大通河 | 大通河享堂以上 | 海东市 | 大通河 | 大砂村 | 入湟口 | 享堂 | III | 是 |
| 16 | 永安河门源保留区 | 黄河 | 大通河 | 大通河享堂以上 | 海北藏族自治州 | 永安河 | 源头 | 入大通河口 | 永安河 | III | 否 |
| 17 | 湟水海晏源头水保护区 | 黄河 | 湟水 | 湟水 | 海北藏族自治州 | 湟水 | 源头 | 海晏县桥 | 麻皮寺 | II | 是 |
| 18 | 湟水青甘缓冲区 | 黄河 | 湟水 | 湟水 | 海东市 | 湟水 | 民和水文站 | 入黄口 | 湟水桥 | IV | 是 |
| 19 | 拉拉河湟源头水保护区 | 黄河 | 湟水 | 湟水 | 西宁市 | 拉拉河 | 源头 | 黄茂 | 黄茂 | II | 否 |
| 20 | 北川大通源头水保护区 | 黄河 | 湟水 | 湟水 | 西宁市 | 北川 | 源头 | 俄博图 | 纳拉大桥 | II | 否 |

续表

| 序号 | 一级水功能区名称 | 所在流域 | 所在水系 | 水资源三级区 | 地级行政区 | 河流、湖库 | 范围 起始断面 | 范围 终止断面 | 水质控制断面 | 水质目标 | 是否为全国重要江河湖泊水功能区 |
|---|---|---|---|---|---|---|---|---|---|---|---|
| 21 | 黑林河大通源头水保护区 | 黄河 | 湟水 | 湟水 | 西宁市 | 黑林河 | 源头 | 黑林水文站 | 黑林 | Ⅱ | 否 |
| 22 | 引胜沟乐都源头水保护区 | 黄河 | 湟水 | 湟水 | 海东市 | 引胜沟 | 源头 | 上北山林场 | 公路桥 | Ⅱ | 否 |
| 23 | 大夏河同仁保留区 | 黄河 | 黄河 | 大夏河与洮河 | 黄南藏族自治州 | 大夏河 | 源头 | 亚尔加隆瓦 | 亚尔加隆瓦 | Ⅱ | 否 |
| 24 | 大夏河青甘缓冲区 | 黄河 | 黄河 | 大夏河与洮河 | 黄南藏族自治州 | 大夏河 | 亚尔加隆瓦 | 青甘省界 | 青甘省界 | Ⅱ | 否 |
| 25 | 洮河河南保留区 | 黄河 | 黄河 | 大夏河与洮河 | 黄南藏族自治州 | 洮河 | 源头 | 赛尔龙乡 | 赛尔龙 | Ⅱ | 否 |
| 26 | 洮河青甘缓冲区 | 黄河 | 黄河 | 大夏河与洮河 | 黄南藏族自治州 | 洮河 | 赛尔龙乡 | 青甘省界 | 青甘省界 | Ⅱ | 否 |
| 27 | 黄河青甘缓冲区 | 黄河 | 黄河 | 龙羊峡至兰州干流区间 | 海东市 | 黄河 | 清水河入口 | 朱家大湾 | 大河家 | Ⅱ | 是 |
| 28 | 隆务河泽库同仁源头水保护区 | 黄河 | 黄河 | 龙羊峡至兰州干流区间 | 黄南藏族自治州 | 隆务河 | 源头 | 扎毛水库坝址 | 扎毛水库坝址 | Ⅱ | 否 |
| 29 | 隆务河同仁尖扎保留区 | 黄河 | 黄河 | 龙羊峡至兰州干流区间 | 黄南藏族自治州 | 隆务河 | 巴浪 | 入黄口 | 隆务河口 | Ⅲ | 否 |

　　黄河流域二级水功能区共 59 个，其中，饮用水水源区 14 个，工业用水区 7 个，农业用水区 32 个，景观娱乐用水区 3 个，过渡区 2 个，排污控制区 1 个。水质目标为Ⅱ类的 18 个，占比 31.4%；Ⅲ类的 29 个，占比

49.15%；Ⅳ类的 11 个，占比 18.64%；无目标的 1 个，占比 1.69%。具体情况见表 2-17。

表 2-17　黄河流域二级水功能区水质目标

| 序号 | 二级水功能区名称 | 所在一级水功能区 | 流域 | 水系 | 所在地级行政区 | 河流、湖库 | 范围 | | 水质控制断面 | 水质目标 | 是否为全国重要江河湖泊水功能区 |
| | | | | | | | 起始断面 | 终止断面 | | | |
|---|---|---|---|---|---|---|---|---|---|---|---|
| 1 | 茫拉河贵南农业用水区 | 茫拉河贵南开发利用区 | 黄河 | 黄河 | 海南藏族自治州 | 茫拉河 | 源头 | 入黄口 | 茫拉乡 | Ⅲ | 否 |
| 2 | 夏曲贵南农业用水区 | 夏曲贵南开发利用区 | 黄河 | 黄河 | 海南藏族自治州 | 夏曲（沙沟） | 源头 | 入黄口 | 赛什塘 | Ⅲ | 否 |
| 3 | 大通河门源农业用水区 | 大通河门源开发利用区 | 黄河 | 大通河 | 海北藏族自治州 | 大通河 | 石头峡 | 甘禅沟入口 | 青石嘴 | Ⅲ | 是 |
| 4 | 老虎沟门源饮用水水源区 | 老虎沟门源开发利用区 | 黄河 | 大通河 | 海北藏族自治州 | 老虎沟 | 源头 | 入大通河口 | 老虎沟 | Ⅱ | 否 |
| 5 | 湟水海晏农业用水区 | | 黄河 | 湟水 | 海北藏族自治州 | | 海晏县桥 | 湟源县 | 海晏 | Ⅱ | 是 |
| 6 | 湟水湟源过渡区 | | 黄河 | 湟水 | 西宁市 | | 湟源县 | 扎麻隆 | 石崖庄 | Ⅲ | 是 |
| 7 | 湟水西宁饮用水水源区 | 湟水西宁开发利用区 | 黄河 | 湟水 | 西宁市 | 湟水 | 扎麻隆 | 黑嘴 | 扎麻隆 | Ⅲ | 是 |
| 8 | 湟水西宁城西工业用水区 | | 黄河 | 湟水 | 西宁市 | | 黑嘴 | 新宁桥 | 新宁桥 | Ⅳ | 是 |
| 9 | 湟水西宁景观娱乐用水区 | | 黄河 | 湟水 | 西宁市 | | 新宁桥 | 建国路桥 | 西宁 | Ⅳ | 是 |

| 序号 | 二级水功能区名称 | 所在一级水功能区 | 流域 | 水系 | 所在地级行政区 | 河流、湖库 | 范围 | | 水质控制断面 | 水质目标 | 是否为全国重要江河湖泊水功能区 |
|---|---|---|---|---|---|---|---|---|---|---|---|
| | | | | | | | 起始断面 | 终止断面 | | | |
| 10 | 湟水西宁城东工业用水区 | | 黄河 | 湟水 | 西宁市 | | 建国路桥 | 团结桥 | 团结桥 | IV | 是 |
| 11 | 湟水西宁排污控制区 | | 黄河 | 湟水 | 西宁市 | | 团结桥 | 小峡桥 | 小峡桥 | — | 是 |
| 12 | 湟水平安过渡区 | 湟水西宁开发利用区 | 黄河 | 湟水 | 海东市 | 湟水 | 小峡桥 | 平安县 | 平安桥 | IV | 是 |
| 13 | 湟水乐都农业用水区 | | 黄河 | 湟水 | 海东市 | | 平安县 | 乐都水文站 | 乐都 | IV | 是 |
| 14 | 湟水民和农业用水区 | | 黄河 | 湟水 | 海东市 | | 乐都水文站 | 民和水文站 | 民和 | IV | 是 |
| 15 | 哈利涧河海晏农业用水区 | 哈利涧河海晏开发利用区 | 黄河 | 湟水 | 海北藏族自治州 | 哈利涧河 | 源头 | 入湟口 | 哈利涧 | IV | 否 |
| 16 | 拉拉河湟源饮用水水源区 | 拉拉河湟源开发利用区 | 黄河 | 湟水 | 西宁市 | 拉拉河 | 黄茂 | 入湟口 | 大华镇 | II | 否 |
| 17 | 药水河湟源农业用水区 | 药水河湟源开发利用区 | 黄河 | 湟水 | 西宁市 | 药水河 | 源头 | 入湟口 | 董家庄 | III | 否 |
| 18 | 盘道河湟中农业用水区 | 盘道河湟中开发利用区 | 黄河 | 湟水 | 西宁市 | 盘道河 | 源头 | 入湟口 | 盘道村 | II | 否 |
| 19 | 西纳川湟中饮用水水源区 | 西纳川湟中开发利用区 | 黄河 | 湟水 | 西宁市 | 西纳川 | 源头 | 入湟口 | 西纳川 | II | 否 |

续表

| 序号 | 二级水功能区名称 | 所在一级水功能区 | 流域 | 水系 | 所在地级行政区 | 河流、湖库 | 范围 | | 水质控制断面 | 水质目标 | 是否为全国重要江河湖泊水功能区 |
| | | | | | | | 起始断面 | 终止断面 | | | |
|---|---|---|---|---|---|---|---|---|---|---|---|
| 20 | 甘河沟湟中饮用水水源区 | 甘河沟湟中开发利用区 | 黄河 | 湟水 | 西宁市 | 甘河沟 | 源头 | 大石门水库（出口） | 大石门水库（出口） | II | 否 |
| 21 | 甘河沟湟中工业用水区 | | 黄河 | 湟水 | 西宁市 | | 大石门水库（出口） | 入湟口 | 甘河沟 | III | 否 |
| 22 | 云谷川湟中农业用水区 | 云谷川湟中开发利用区 | 黄河 | 湟水 | 西宁市 | 云谷川 | 源头 | 入湟口 | 云谷川 | III | 否 |
| 23 | 北川大通饮用水水源区 | | 黄河 | 湟水 | 西宁市 | 北川 | 俄博图 | 桥头水文站 | 黑泉水库（出口） | III | 否 |
| 24 | 北川大通工业用水区 | 北川大通开发利用区 | 黄河 | 湟水 | 西宁市 | | 桥头水文站 | 天峻桥 | 长宁桥 | IV | 否 |
| 25 | 北川西宁景观娱乐用水区 | | 黄河 | 湟水 | 西宁市 | | 天峻桥 | 入湟口 | 朝阳桥 | IV | 否 |
| 26 | 黑林河大通农业用水区 | 黑林河大通开发利用区 | 黄河 | 湟水 | 西宁市 | 黑林河 | 黑林水文站 | 入北川口 | 黑林水文站 | II | 否 |
| 27 | 东峡河大通饮用水水源区 | 东峡河大通开发利用区 | 黄河 | 湟水 | 西宁市 | 东峡河 | 源头 | 永丰 | 永丰 | II | 否 |
| 28 | 东峡河大通农业用水区 | | 黄河 | 湟水 | 西宁市 | | 永丰 | 入北川口 | 东峡桥头镇 | III | 否 |
| 29 | 南川湟中农业用水区 | 南川湟中开发利用区 | 黄河 | 湟水 | 西宁市 | 南川 | 源头 | 总寨 | 大南川水库（出口）、老幼堡 | III | 否 |

续表

| 序号 | 二级水功能区名称 | 所在一级水功能区 | 流域 | 水系 | 所在地级行政区 | 河流、湖库 | 范围 | | 水质控制断面 | 水质目标 | 是否为全国重要江河湖泊水功能区 |
|---|---|---|---|---|---|---|---|---|---|---|---|
| | | | | | | | 起始断面 | 终止断面 | | | |
| 30 | 南川西宁工业用水区 | 南川湟中开发利用区 | 黄河 | 湟水 | 西宁市 | 南川 | 总寨 | 六一桥 | 六一桥 | III | 否 |
| 31 | 南川西宁景观娱乐用水区 | | 黄河 | 湟水 | 西宁市 | | 六一桥 | 入湟口 | 南川河口 | IV | 否 |
| 32 | 沙塘川互助饮用水水源区 | | 黄河 | 湟水 | 海东市 | 沙塘川 | 源头 | 南门峡水库（出口） | 南门峡水库（出口） | II | 否 |
| 33 | 沙塘川互助农业用水区 | 沙塘川互助开发利用区 | 黄河 | 湟水 | 海东市 | | 南门峡水库（出口） | 互助八一桥 | 互助八一桥 | III | 否 |
| 34 | 沙塘川互助工业用水区 | | 黄河 | 湟水 | 海东市、西宁市 | | 互助桥 | 入湟口 | 沙塘川桥 | IV | 否 |
| 35 | 小南川湟中农业用水区 | 小南川湟中开发利用区 | 黄河 | 湟水 | 西宁市、海东市 | 小南川 | 源头 | 入湟口 | 王家庄 | III | 否 |
| 36 | 哈拉直沟互助农业用水区 | 哈拉直沟互助开发利用区 | 黄河 | 湟水 | 海东市 | 哈拉直沟 | 丹麻镇 | 入湟口 | 哈拉直沟 | III | 否 |
| 37 | 祁家川平安饮用水水源区 | 祁家川平安开发利用区 | 黄河 | 湟水 | 海东市 | 祁家川 | 源头 | 三合镇 | 三合镇 | II | 否 |
| 38 | 祁家川平安农业用水区 | | 黄河 | 湟水 | 海东市 | | 三合镇 | 入湟口 | 古城崖 | III | 否 |
| 39 | 白沈沟平安农业用水区 | 白沈沟平安开发利用区 | 黄河 | 湟水 | 海东市 | 白沈家沟 | 源头 | 入湟口 | 白沈家桥 | III | 否 |

续表

| 序号 | 二级水功能区名称 | 所在一级水功能区 | 流域 | 水系 | 所在地级行政区 | 河流、湖库 | 范围 | | 水质控制断面 | 水质目标 | 是否为全国重要江河湖泊水功能区 |
|---|---|---|---|---|---|---|---|---|---|---|---|
| | | | | | | | 起始断面 | 终止断面 | | | |
| 40 | 红崖子沟互助农业用水区 | 红崖子沟互助开发利用区 | 黄河 | 湟水 | 海东市 | 红崖子沟 | 源头 | 五十镇 | 五十镇 | II | 否 |
| 41 | 红崖子沟互助工业用水区 | | 黄河 | 湟水 | 海东市 | | 五十镇 | 入湟口 | 白马寺 | III | 否 |
| 42 | 上水磨沟乐都饮用水水源区 | 上水磨沟乐都开发利用区 | 黄河 | 湟水 | 海东市 | 上水磨沟 | 源头 | 入湟口 | 红庄 | II | 否 |
| 43 | 引胜沟乐都饮用水水源区 | 引胜沟乐都开发利用区 | 黄河 | 湟水 | 海东市 | 引胜沟 | 上北山林场 | 杨家岗 | 善缘桥 | II | 否 |
| 44 | 引胜沟乐都农业用水区 | | 黄河 | 湟水 | 海东市 | 引胜沟 | 杨家岗 | 入湟口 | 八里桥 | III | 否 |
| 45 | 松树沟民和饮用水水源区 | 松树沟民和开发利用区 | 黄河 | 湟水 | 海东市 | 松树沟 | 源头 | 峡门水库（出口） | 峡门水库（出口） | II | 否 |
| 46 | 松树沟民和农业用水区 | | 黄河 | 湟水 | 海东市 | | 峡门水库（出口） | 入湟口 | 松树乡 | III | 否 |
| 47 | 巴州沟民和饮用水水源区 | 巴州沟民和开发利用区 | 黄河 | 湟水 | 海东市 | 巴州沟 | 源头 | 巴州镇 | 巴州镇 | II | 否 |
| 48 | 巴州沟民和农业用水区 | | 黄河 | 湟水 | 海东市 | | 巴州镇 | 入湟口 | 吉家堡 | III | 否 |
| 49 | 隆治沟民和农业用水区 | 隆治沟民和开发利用区 | 黄河 | 湟水 | 海东市 | 隆治沟 | 源头 | 入湟口 | 下川口 | III | 否 |

| 序号 | 二级水功能区名称 | 所在一级水功能区 | 流域 | 水系 | 所在地级行政区 | 河流、湖库 | 范围 | | 水质控制断面 | 水质目标 | 是否为全国重要江河湖泊水功能区 |
|---|---|---|---|---|---|---|---|---|---|---|---|
| | | | | | | | 起始断面 | 终止断面 | | | |
| 50 | 黄河李家峡农业用水区 | 黄河青海开发利用区 | 黄河 | 黄河 | 海南藏族自治州、黄南藏族自治州、海东市 | 黄河 | 龙羊峡水库坝址 | 李家峡水库坝址 | 贵德 | II | 是 |
| 51 | 黄河尖扎循化农业用水区 | 黄河青海开发利用区 | 黄河 | 黄河 | 黄南藏族自治州、海东市 | 黄河 | 李家峡水库坝址 | 清水河入口 | 循化 | II | 是 |
| 52 | 西河贵德饮用水水源区 | 西河贵德开发利用区 | 黄河 | 黄河 | 海南藏族自治州 | 西河 | 源头 | 岗拉湾 | 上刘屯村 | II | 否 |
| 53 | 西河贵德农业用水区 | 西河贵德开发利用区 | 黄河 | 黄河 | 海南藏族自治州 | 西河 | 岗拉湾 | 入黄口 | 西河 | III | 否 |
| 54 | 东河贵德农业用水区 | 东河贵德开发利用区 | 黄河 | 黄河 | 海南藏族自治州 | 东河 | 源头 | 入黄口 | 东河 | III | 否 |
| 55 | 加让沟尖扎农业用水区 | 加让沟开发利用区 | 黄河 | 黄河 | 黄南藏族自治州 | 加让河 | 源头 | 入黄口 | 马克唐镇 | III | 否 |
| 56 | 隆务河同仁农业用水区 | 隆务河同仁开发利用区 | 黄河 | 黄河 | 黄南藏族自治州 | 隆务河 | 扎毛水库坝址 | 巴浪 | 巴浪 | III | 否 |
| 57 | 巴燕沟化隆农业用水区 | 巴燕沟化隆开发利用区 | 黄河 | 黄河 | 海东市 | 巴燕沟 | 源头 | 入黄口 | 化隆 | III | 否 |
| 58 | 街子河循化农业用水区 | 街子河循化开发利用区 | 黄河 | 黄河 | 海东市 | 街子河 | 源头 | 入黄口 | 街子 | III | 否 |
| 59 | 清水河循化农业用水区 | 清水河循化开发利用区 | 黄河 | 黄河 | 海东市 | 清水河 | 源头 | 入黄口 | 清水 | III | 否 |

## 2.4 水功能区与控制单元空间关系衔接分析

水生态环境分区包括水生态功能分区及水环境控制单元，其中水生态功能区划综合考虑了水生态系统空间格局，是水环境控制单元划定的基础。水环境控制单元是落实水生态水环境目标的具体操作单元。

（1）黄河海东市大河家控制单元

黄河海东市大河家控制单元设有 7 个国控断面，共划分 7 个国控断面汇水范围，细化为 31 个省控断面汇水范围，对应 27 个水功能区，具体情况见表 2-18。

表 2-18 黄河海东市大河家控制单元、汇水范围与水功能区关系

| 控制单元 | 汇水范围 | 汇水范围细化成果 | 对应水功能区 |
|---|---|---|---|
| 黄河海东市大河家控制单元 | 大河家 | 巴燕河入黄口 | 巴燕沟化隆农业用水区 |
| | | 加让河入黄口 | 加让河尖扎农业用水区 |
| | | 尖扎黄河大桥 | — |
| | | 街子河入黄口 | 街子河循化农业用水区 |
| | | 清水河入黄河口 | 清水河循化农业用水区 |
| | | 大河家 | 黄河青甘缓冲区 |
| | 李家峡 | 东河入黄口 | 东河贵德农业用水区 |
| | | 西河渠 | 西河贵德饮用水水源区 |
| | | 李家峡 | 黄河李家峡农业用水区 |
| | 龙羊峡库区出水口 | 夏曲入龙羊峡水库口 | 夏曲贵南农业用水区 |
| | | 茫拉河下游 | 茫拉河贵南农业用水区 |
| | | 龙羊峡库区出水口 | 黄河青甘川保留区（青海下段） |
| | 玛多 | 玛多 | 黄河玛多源头水保护区（果洛段） |
| | | 扎陵湖 | 黄河玛多源头水保护区（玉树段） |
| | 门堂 | 黄河玛多出境断面 | — |
| | | 达日河入黄口 | 达日河达日保留区 |

续表

| 控制单元 | 汇水范围 | 汇水范围细化成果 | 对应水功能区 |
|---|---|---|---|
| 黄河海东市大河家控制单元 | 门堂 | 达日吉迈水文站上游 | 吉迈河达日保留区 |
| | | 达日吉迈水文站 | — |
| | | 西科曲下游 | 西柯河甘德保留区 |
| | | 年保玉则湖/门堂 | 黄河青甘川保留区（青海上段） |
| | | 沙曲入黄口 | 沙曲久治保留区 |
| | 唐乃亥 | 切木曲入黄口 | 切木曲玛沁保留区 |
| | | 曲什安河果洛藏族自治州出境/曲什安 | 曲什安河三江源自然保护区（果洛段）/曲什安河三江源自然保护区（海南段） |
| | | 大河坝河入黄口 | 大河坝河三江源自然保护区 |
| | | 泽曲河（曲海村断面） | 泽曲泽库河南保留区 |
| | | 黄河大桥下游 | — |
| | | 唐乃亥 | — |
| | | 巴曲河中游/巴曲河下游 | 巴曲同德保留区 |
| | 同仁水文站下游 | 扎毛水库（出口） | 隆务河泽库同仁源头水保护区 |
| | | 大夏河青海省出境 | 大夏河青甘缓冲区 |
| | | 同仁水文站下游 | 隆务河泽库同仁农业用水区 |

（2）湟水海东市边墙村控制单元

湟水海东市边墙村控制单元设有9个国控断面，共划分8个国控断面汇水范围，细化为33个省控断面汇水范围，对应37个水功能区。具体情况见表2-19。

表2-19　湟水海东市边墙村控制单元、汇水范围与水功能区关系

| 控制单元 | 汇水范围 | 汇水范围细化成果 | 对应水功能区 |
|---|---|---|---|
| 湟水海东市边墙村控制单元 | 边墙村/民和东垣 | 引胜沟入湟口/公路桥 | 引胜沟乐都饮用水水源区/引胜沟乐都饮用水水源区 |
| | | 老鸦峡口 | 湟水青甘缓冲区 |
| | | 松树沟入湟水口 | 松树沟民和农业用水区 |

| 控制单元 | 汇水范围 | 汇水范围细化成果 | 对应水功能区 |
|---|---|---|---|
| 湟水海东市边墙村控制单元 | 边墙村 /民和东垣 | 巴州沟入湟口 | 巴州沟民和农业用水区 |
| | | 边墙村 / 民和东垣 | 大通河甘青缓冲区 / 湟水青甘缓冲区 |
| | | 隆治沟入湟口 | 隆治沟民和农业用水区 |
| | 金滩 | 西纳川海晏出境 | — |
| | | 金滩 | 哈利涧河海晏农业用水区 / 湟水海晏源头水保护区 |
| | 乐都 | 哈拉直沟入湟口 | 哈拉直沟互助农业用水区 |
| | | 红崖子沟入湟口 | 红崖子沟互助工业用水区 |
| | | 红庄 | 上水磨沟乐都饮用水水源区 |
| | | 祁家川入湟口 | 祁家川平安农业用水区 |
| | | 白沈沟入湟口 | 白沈沟平安农业用水区 |
| | | 湾子桥 | — |
| | | 乐都 | 湟水乐都农业用水区 |
| | 润泽桥 | 李家堡 | 东峡河大通饮用水水源区 |
| | | 润泽桥 | 北川大通工业用水区 |
| | 三其桥 | 三其桥 | 沙塘川互助工业用水区 / 沙塘川互助饮用水水源区 |
| | 塔尔桥 | 塔尔桥 | 北川大通饮用水水源区 |
| | | 黑林河入湟水口 | 黑林河大通农业用水区 |
| | 小峡桥 | 西纳川入湟口 | 西纳川湟中饮用水水源区 |
| | | 甘河沟 | 甘河沟湟中工业用水区 |
| | | 黑嘴桥 | 湟水西宁饮用水水源区 |
| | | 老幼堡 | — |
| | | 云谷川入湟口 | 云谷川湟中农业用水区 |
| | | 小峡桥 | 湟水西宁城东工业用水区 / 湟水乐都农业用水区 |
| | | 小南川河入湟口 | 小南川湟中农业用水区 |

| 控制单元 | 汇水范围 | 汇水范围细化成果 | 对应水功能区 |
|---|---|---|---|
| 湟水海东市边墙村控制单元 | 小峡桥 | 七一桥 | 南川西宁工业用水区/南川湟中农业用水区 |
| | | 朝阳桥/报社桥 | 北川西宁景观娱乐用水区/湟水西宁景观娱乐用水区 |
| | 扎马隆 | 拉拉河入湟水口 | 拉拉河湟源饮用水水源区 |
| | | 药水河入湟口 | 药水河湟源农业用水区 |
| | | 盘道河入湟水口 | 盘道河湟中农业用水区 |
| | | 扎马隆 | 湟水湟源过渡区 |

## 2.5 流域水环境分区管控体系构建

### 2.5.1 水环境管控分区体系

为了使复杂的流域水环境问题进一步细化分解落实到控制单元和汇水区范围内，并将规划目标和任务逐级细化，并突出重点，从而实现整个流域水环境治理改善。根据国家重点流域水生态环境保护管理基本思路，根据流域自然汇水特征和行政管理需要，以区县、乡镇行政区为基本单元，在分析行政区—水功能区—水质断面三级分区的基础上，建立了流域—控制单元（省级责任主体）—断面汇水范围（地市州责任主体）—细化断面汇水范围（区县责任主体）—水功能区、水质断面5级的水陆耦合的分区管理体系，以适应不同层次分层的水环境管理需求，满足宏观指导和微观具体分级、分类管理的水环境保护和管理工作需要。

在流域层面体现不同流域的差异性特征，解决跨区域的水环境问题，重点解决流域内跨区域、上下游、左右岸的水污染治理工作；控制区层面主要以省级行政区相关规定为依据，依据省内不同区域的水资源、水生态特征，因地制宜制定水环境政策和措施，引导全省社会经济与水环境的协调发展和战略布局；控制单元和汇水区层面是依照污染源—水功能区—断面的对应关系，压实政府责任，实施水环境保护和水污染治理的基本单元，要针对良好水体优先保护、不达标水体污染防治和水环境风险防范等不同水功能区保护和治理的要求，合理确定治理方案，实施分类施治。

## 2.5.2　"十四五"水质目标研究

在水环境控制单元、汇水范围细化和水功能区优化调整的基础上，利用 ArcGIS 软件，将原水功能区监测断面、生态环境部门县控及以上水质监测断面等矢量数据导入，将两者断面位置及水质目标进行比对，按照水环境质量"只能更好，不能变坏"的原则，基于水环境主导功能、上下游传输关系、水源涵养需求、需要重点改善的优先控制单元等内容，衔接水功能区考核、"水十条"实施方案、"十三五"生态保护规划、水污染防治目标责任书等既有要求，考虑水环境质量改善潜力，综合确定水环境质量目标。

（1）黄河流域水污染防治工作目标要求

根据青海省人民政府发布的《青海省水污染防治工作方案》（青政〔2015〕100 号），提出黄河流域的工作目标和主要指标是：

**工作目标：** 到 2020 年，全省重点流域水环境质量持续保持稳定，饮用水安全保障水平提升，湟水流域水生态环境状况有所好转。到 2030 年，力争全省水环境质量在保持稳定的基础上并向好发展，水生态系统功能有效提升。

**主要指标：** 到 2020 年，黄河干流出境断面水质保持在 Ⅱ 类以上；湟水流域出境控制断面水质稳定达到 Ⅳ 类并向好发展，力争 Ⅲ 类水质比例达到50%。地级城市集中式饮用水水源水质达到或优于 Ⅲ 类的比例达到 100%，县级以上城镇集中式饮用水水源水质达到或优于 Ⅲ 类的比例达到 95% 以上。到 2030 年，黄河干流出境断面水质持续保持在 Ⅱ 类以上；湟水流域出境控制断面水质稳定达到 Ⅲ 类。全省地级城市、县城和重点乡镇集中式饮用水水源水质达到或优于Ⅲ类比例为 100%。受污染地下水水质明显改善。

（2）黄河流域"十三五"水污染防治工作目标要求

根据青海省人民政府发布的《青海省"十三五"环境保护规划》（青政〔2016〕151 号），提出黄河流域"十三五"环境保护的总体工作目标、水环境质量目标和总量控制目标分别是：

**总体目标：**黄河水质长期保持优良，湟水流域水环境质量继续改善。

**水环境质量目标：**黄河出境断面水质保持在Ⅱ类及以上；湟水流域消除少数区段劣Ⅴ类水体，出境控制断面水质稳定达到Ⅳ类以上，力争Ⅲ类水质比例达到 50%。地级城市集中式饮用水水源水质达到或优于Ⅲ类的比例达到 100%，县级以上城镇集中式饮用水水源水质达到或优于Ⅲ类的比例达到 95% 以上。

（3）黄河流域"十四五"水环境质量目标

结合国家、区域、省域等上位规划要求，采用定性和定量相结合的方法，确定黄河流域水环境质量目标：到 2025 年，全流域水环境安全，水生态系统稳定，水质优良。具体情况见表 2-20。

表 2-20　黄河流域主要控制断面水质目标

| 序号 | 断面名称 | 水体类型 | 所在流域 | 所在水体 | 所在市（州） | 所在县（区） | 考核市（州） | 考核县（区） | 断面属性 | 2025年目标 |
|---|---|---|---|---|---|---|---|---|---|---|
| 1 | 大夏河出境 | 河流 | 黄河流域 | 大夏河 | 黄南州 | 同仁县 | 黄南州 | 同仁县 | 省控 | Ⅲ |
| 2 | 东河入黄口 | 河流 | 黄河流域 | 东河 | 海南州 | 贵德县 | 海南州 | 贵德县 | 省控 | Ⅲ |
| 3 | 沙曲入黄口 | 河流 | 黄河流域 | 沙曲 | 果洛州 | 久治县 | 果洛州 | 久治县 | 省控 | Ⅲ |
| 4 | 大通河海西州出境 | 河流 | 黄河流域 | 大通河 | 海西州 | 天峻县 | 海西州 | 天峻县 | 省控 | Ⅱ |
| 5 | 老幼堡 | 河流 | 黄河流域 | 南川 | 西宁市 | 城中区 | 西宁市 | 湟中县 | 省控 | Ⅲ |
| 6 | 扎毛水库（出口） | 河流 | 黄河流域 | 隆务河 | 黄南州 | 同仁县 | 黄南州 | 同仁县 | 省控 | Ⅱ |

| 序号 | 断面名称 | 水体类型 | 所在流域 | 所在水体 | 所在市（州） | 所在县（区） | 考核市（州） | 考核县（区） | 断面属性 | 2025年目标 |
|---|---|---|---|---|---|---|---|---|---|---|
| 7 | 扎陵湖 | 湖库 | 黄河流域 | 扎陵湖 | 果洛州 | 玛多县 | 果洛州 | 玛多县 | 省控 | II |
| 8 | 西科曲下游 | 河流 | 黄河流域 | 西科曲 | 果洛州 | 甘德县 | 果洛州 | 甘德县 | 省控 | II |
| 9 | 曲什安 | 河流 | 黄河流域 | 曲什安 | 海南州 | 兴海县 | 海南州 | 兴海县 | 省控 | II |
| 10 | 茫拉河下游 | 河流 | 黄河流域 | 茫拉河 | 海南州 | 贵南县 | 海南州 | 贵南县 | 省控 | III |
| 11 | 巴燕河入黄口 | 河流 | 黄河流域 | 巴燕河 | 海东市 | 化隆县 | 海东市 | 化隆县 | 省控 | III |
| 12 | 七一桥 | 河流 | 黄河流域 | 南川河 | 西宁市 | 城西区 | 西宁市 | 城西区 | 省控 | III |
| 13 | 朝阳桥 | 河流 | 黄河流域 | 北川河 | 西宁市 | 城北区 | 西宁市 | 城北区 | 省控 | III |
| 14 | 达日吉迈水文站上游 | 河流 | 黄河流域 | 吉迈河 | 果洛州 | 达日县 | 果洛州 | 达日县 | 省控 | II |
| 15 | 达日吉迈水文站 | 河流 | 黄河流域 | 黄河干流 | 果洛州 | 达日县 | 果洛州 | 达日县 | 省控 | II |
| 16 | 年保玉则湖 | 湖库 | 黄河流域 | 年保玉则湖 | 果洛州 | 久治县 | 果洛州 | 久治县 | 省控 | II |
| 17 | 玛沁黄河大桥下游（原黄河大桥下游） | 河流 | 黄河流域 | 黄河干流 | 果洛州 | 玛沁县 | 果洛州 | 玛沁县 | 省控 | II |
| 18 | 泽曲河（曲海村） | 河流 | 黄河流域 | 泽曲 | 黄南州 | 河南县 | 黄南州 | 河南县 | 省控 | II |
| 19 | 巴曲河下游 | 河流 | 黄河流域 | 巴曲河 | 海南州 | 同德县 | 海南州 | 同德县 | 省控 | III |
| 20 | 西河渠 | 河流 | 黄河流域 | 西河渠 | 海南州 | 贵德县 | 海南州 | 贵德县 | 省控 | II |

| 序号 | 断面名称 | 水体类型 | 所在流域 | 所在水体 | 所在市（州） | 所在县（区） | 考核市（州） | 考核县（区） | 断面属性 | 2025年目标 |
|---|---|---|---|---|---|---|---|---|---|---|
| 21 | 尖扎黄河大桥 | 河流 | 黄河流域 | 黄河干流 | 黄南州 | 尖扎县 | 黄南州 | 尖扎县 | 省控 | II |
| 22 | 黑嘴桥 | 河流 | 黄河流域 | 湟水 | 西宁市 | 湟中县 | 西宁市 | 湟中县 | 省控 | III |
| 23 | 报社桥 | 河流 | 黄河流域 | 湟水 | 西宁市 | 城北区 | 西宁市 | 城西区/城北区 | 省控 | III |
| 24 | 湾子桥 | 河流 | 黄河流域 | 湟水 | 海东市 | 平安区 | 海东市 | 平安区 | 省控 | III |
| 25 | 老鸦峡口 | 河流 | 黄河流域 | 湟水 | 海东市 | 乐都区 | 海东市 | 乐都区 | 省控 | III |
| 26 | 门堂 | 河流 | 黄河流域 | 黄河 | 果洛州 | 久治县 | 果洛州 | 久治县 | "十四五"国控 | I |
| 27 | 玛多 | 河流 | 黄河流域 | 黄河 | 果洛州 | 玛多县 | 果洛州 | 玛多县 | "十四五"国控 | II |
| 28 | 甘冲口 | 河流 | 黄河流域 | 大通河 | 海东市 | 互助县 | 海北州 | 门源县 | "十四五"国控 | II |
| 29 | 浩门河纳子峡 | 河流 | 黄河流域 | 浩门河 | 海北州 | 祁连县 | 海北州 | 祁连县 | "十四五"国控 | II |
| 30 | 金滩 | 河流 | 黄河流域 | 湟水 | 海北州 | 海晏县 | 海北州 | 海晏县 | "十四五"国控 | II |
| 31 | 峡塘 | 河流 | 黄河流域 | 大通河 | 海东市 | 互助县 | 海东市 | 互助县 | "十四五"国控 | II |
| 32 | 大河家 | 河流 | 黄河流域 | 黄河 | 海东市 | 民和县 | 海东市 | 民和县 | "十四五"国控 | II |
| 33 | 边墙村 | 河流 | 黄河流域 | 湟水 | 海东市 | 民和县 | 海东市 | 民和县 | "十四五"国控 | III |
| 34 | 民和东垣 | 河流 | 黄河流域 | 湟水 | 海东市 | 民和县 | 海东市 | 民和县 | "十四五"国控 | III |
| 35 | 乐都 | 河流 | 黄河流域 | 湟水 | 海东市 | 乐都区 | 海东市 | 乐都区 | "十四五"国控 | III |

续表

| 序号 | 断面名称 | 水体类型 | 所在流域 | 所在水体 | 所在市（州） | 所在县（区） | 考核市（州） | 考核县（区） | 断面属性 | 2025年目标 |
|---|---|---|---|---|---|---|---|---|---|---|
| 36 | 三其桥 | 河流 | 黄河流域 | 沙塘川河 | 海东市 | 互助县 | 海东市 | 互助县 | "十四五"国控 | III |
| 37 | 唐乃亥 | 河流 | 黄河流域 | 黄河 | 海南州 | 兴海县 | 海南州 | 兴海县 | "十四五"国控 | I |
| 38 | 李家峡 | 河流 | 黄河流域 | 黄河 | 黄南州 | 尖扎县 | 黄南州 | 尖扎县 | "十四五"国控 | II |
| 39 | 龙羊峡库区出水口 | 湖库 | 黄河流域 | 龙羊峡水库 | 海南州 | 共和县 | 海南州 | 共和县 | "十四五"国控 | II |
| 40 | 赛尔龙 | 河流 | 黄河流域 | 洮河 | 黄南州 | 河南县 | 黄南州 | 河南县 | "十四五"国控 | II |
| 41 | 同仁水文站下游 | 河流 | 黄河流域 | 隆务河 | 黄南州 | 同仁县 | 黄南州 | 同仁县 | "十四五"国控 | II |
| 42 | 润泽桥 | 河流 | 黄河流域 | 北川河 | 西宁市 | 大通县 | 西宁市 | 大通县 | "十四五"国控 | III |
| 43 | 塔尔桥 | 河流 | 黄河流域 | 北川河 | 西宁市 | 大通县 | 西宁市 | 大通县 | "十四五"国控 | II |
| 44 | 扎马隆 | 河流 | 黄河流域 | 湟水 | 西宁市 | 湟中县 | 西宁市 | 湟源县 | "十四五"国控 | II |
| 45 | 小峡桥 | 河流 | 黄河流域 | 湟水 | 海东市 | 互助县 | 西宁市 | 城东区 | "十四五"国控 | III |
| 46 | 龙羊峡水库入水口 | 湖库 | 黄河流域 | 黄河干流 | 海南州 | 共和县 | 海南州 | 共和县 | 省控 | II |
| 47 | 龙羊峡水库湖心 | 湖库 | 黄河流域 | 黄河干流 | 海南州 | 共和县 | 海南州 | 共和县 | 省控 | II |
| 48 | 西钢桥 | 河流 | 黄河流域 | 湟水 | 西宁市 | 城北区 | 西宁市 | 城北区 | 省控 | III |
| 49 | 贵德黄河大桥（原黄河大桥） | 河流 | 黄河流域 | 黄河干流 | 海南州 | 贵德县 | 海南州 | 贵德县 | 省控 | II |
| 50 | 泽曲河（泽库） | 河流 | 黄河流域 | 泽曲 | 黄南州 | 泽库县 | 黄南州 | 泽库县 | 省控 | II |

续表

| 序号 | 断面名称 | 水体类型 | 所在流域 | 所在水体 | 所在市（州） | 所在县（区） | 考核市（州） | 考核县（区） | 断面属性 | 2025年目标 |
|---|---|---|---|---|---|---|---|---|---|---|
| 51 | 柯生 | 河流 | 黄河流域 | 黄河干流 | 黄南州 | 河南县 | 黄南州 | 河南县 | 省控 | I |
| 52 | 红庄 | 河流 | 黄河流域 | 上水磨沟 | 海东市 | 乐都区 | 海东市 | 互助县 | 省控 | III |
| 53 | 药水河入湟口 | 河流 | 黄河流域 | 药水河 | 西宁市 | 湟源县 | 西宁市 | 湟源县 | 省控 | III |
| 54 | 祁家川入湟口 | 河流 | 黄河流域 | 祁家川 | 海东市 | 平安区 | 海东市 | 平安区 | 省控 | III |
| 55 | 引胜沟入湟口 | 河流 | 黄河流域 | 引胜沟 | 海东市 | 乐都区 | 海东市 | 乐都区 | 省控 | III |
| 56 | 巴州沟入湟口 | 河流 | 黄河流域 | 巴州沟 | 海东市 | 民和县 | 海东市 | 民和县 | 省控 | III |
| 57 | 西纳川入湟口 | 河流 | 黄河流域 | 西纳川 | 西宁市 | 湟中县 | 西宁市 | 湟中县 | 省控 | III |
| 58 | 清水河入黄口 | 河流 | 黄河流域 | 清水河 | 海东市 | 循化县 | 海东市 | 循化县 | 省控 | III |
| 59 | 街子河入黄口 | 河流 | 黄河流域 | 街子河 | 海东市 | 循化县 | 海东市 | 循化县 | 省控 | III |
| 60 | 卡子沟大桥 | 河流 | 黄河流域 | 浩门河 | 海北州 | 门源县 | 海北州 | 门源县 | 省控 | III |
| 61 | 大石门水库出口 | 河流 | 黄河流域 | 甘河沟 | 西宁市 | 湟中县 | 西宁市 | 湟中县 | 省控 | III |
| 62 | 善缘桥 | 河流 | 黄河流域 | 引胜沟 | 海东市 | 乐都区 | 海东市 | 乐都区 | 省控 | II |
| 63 | 西沟水库出口 | 河流 | 黄河流域 | 巴州沟 | 海东市 | 民和县 | 海东市 | 民和县 | 省控 | III |
| 64 | 南门峡水库出水口 | 河流 | 黄河流域 | 沙塘川 | 海东市 | 互助县 | 海东市 | 互助县 | 省控 | III |

### 2.5.3　水环境空间分区管控要求

（1）水环境优先保护区管控要求

青海省水环境优先保护区涉及控制子单元 61 个，占青海省总流域面积的 79.8%。从空间上来看，水环境优先保护区主要集中在三江源、内陆河（青海湖、黑河流域）以及湟水干支流水系上游流域；从水环境功能区管理要求上看，区域多为重要江河源头、饮用水水源保护区、自然保护区以及珍稀濒危水生生物及重要水产种质资源保护区等重要水环境功能区。区域现状水质优良，但生态脆弱敏感，须严格空间管控，保护优良水质，其管控要求是：

从空间布局约束方面，要加强国家重要水体水生态保护，筑牢国家重要水体水生态安全屏障。确保湟水青—甘交界边墙村断面水质稳定达到Ⅳ类并向好发展）加强森林、湿地等生态系统保护和综合治理，减少对水体带来的污染隐患，确保水质稳定。

在污染物排放管控方面，针对小城镇建设及现代畜牧业发展带来的生活型污染和畜禽养殖污染隐患开展，针对旅游业和交通设施建设快速发展带来的环境问题，深入推进国省道、铁路交通沿线和旅游景区及周边环境综合整治工程常态化保持区域环境清洁，推进垃圾源头分类，减量化和资源化回收利用。

在水生态环境风险防控方面，依法加强饮用水水源地保护和规范化建设，完成西宁市第四、第五、第六、第七水源和海东市互助县南门峡水库、化隆后沟水库及海西州格尔木河西水源地环境风险整治，开展全流域村镇饮用水水源地调查评估和保护区划定工作，对农村集中式饮用水水源地水质实施定期监测，定期向社会公开饮用水安全状况信息。

（2）水环境重点管控区管控要求

湟水流域是青海省人口密度、经济最发达的地区，集中了青海省近60% 的人口、52% 的耕地和 70% 以上的工矿企业，湟水流域的水环境质量状况对整个青海的国民经济可持续发展和社会稳定具有重要意义。柴达木循环经济试验区作为青海主要的经济发展区，资源相对富集，产业发展的聚集优势明显，承担着"三江源"地区移民安置、转变社会经济增长方式，维护少数民族地区稳定的重任；从水环境功能区管理要求上来看，区域多为工业用水区和一般性的渔业用水区；区域污染负荷排放集中，剩余水环境容量不足，水质按期达标压力较大，湟水流域的水环境重点管控区的管控要求是：

空间布局约束上，要实行环境容量质量硬约束，强化空间管控，深入推进流域水环境综合治理。对于湟水流域，要在《湟水流域水环境综合治理规划（2016—2025年）》的基础上，以水定容、以水定产，要建立与环境质量要求相关联的新（改、扩）建项目不同倍量的总量置换削减、排污指标申购等总量控制措施，对新建项目执行最严格排放标准，严控高耗能、高排放和产能过剩行业新上项目。

在污染物排放管控方面，要按照"一河段一策、一支流一策"思路，准确识别流域和控制子单元水环境问题，实行工业、生活、农业面源差别化精细化排放管理。

——加强工业源治理力度。加快淘汰严重污染环境的不达标企业，制定实施重点行业限期整治方案，升级改造环保设施，确保稳定达标，对长期超标排放的企业、无治理能力且无治理意愿的企业、达标无望的落后产能和过剩产能依法予以关闭淘汰。大力实施重点行业企业达标排放限期改造工程，制定焦化、氮肥、有色金属、藏毯、农副食品加工、原料药制造、电镀等行业专项治理方案，对废水不能稳定达标排放的工业企业进行全面达标排放改造。加大推进工业园区（工业集聚区）内企业废水预处理设施、园区集中处理设施以及配套管网、在线监控等设施建设力度，加大涉水企业治污设施升级改造力度，提高污染治理水平。

——坚持城乡生活污水治理并重。全面加强配套管网建设，加快西宁市现有合流制排水系统雨污分流改造，西宁市、海东市新区建设均实行雨污分流，有条件的地区要推进初期雨水收集、处理和资源化利用。大力推进城镇生活污水深度治理，提高污水处理厂脱氮除磷效率。加快推进西宁市、海东市、德令哈市、格尔木市污泥无害化处置工程建设及运行，2020年年底前地级城市污泥无害化处理处置率达到90%以上。推进西宁市、海东市城中村和城乡接合部污水截流、收集、纳管，加快雨污分流改造，建设湟水河沿岸、黄河干流以及市州府、县城周边部分村庄生活污水处理设施。

——大力控制农牧业面源污染。按时完成黄河谷地和湟水流域畜禽养殖禁养区、限养区的划定，并限期依法关闭或搬迁禁养区内的畜禽养殖场（小区）和养殖专业户，现有规模化畜禽养殖场（小区）配套建设粪便污水贮存、处理、利用设施，鼓励培育养殖业和设施农业的循环发展模式，推进养殖废弃物生物质燃料的综合利用，到2020年，规模化养殖场、养殖小区配套建设废弃物处理设施比例达到75%以上。在河湟谷地主要农业种植区和柴达木绿洲农业区，推广测土配方技术，到2020年，化肥农药使用量实现零增长，化肥利用率提高40%以上。积极推进农膜回收及加工再利用，农药、化肥等包装废弃物的安全收集处置设施建设，最大限度地减轻农业面源污染。

在水生态环境风险防控方面，要加强对重点区域和重点源环境风险综合管控。以西宁经济技术开发区、柴达木循环经济试验区、海东工业园区为重点，强化环境风险防控工作，突出全防全控，完善各项环境风险防范制度，确保将风险防范融入日常环境管理制度体系，加强执法监督，逐步实现对重点工业园区、重点企业和主要环境风险类型的动态监测。继续加强涉重行业综合防控，加强西宁经济技术开发区甘河工业园、北川工业园、东川工业园和柴达木循环经济试验区格尔木工业园等四个国家重金属重点防控区监管，实施重点防控区重金属污染防治项目，进一步完善园区环保基础设施和企业治污装备，提升治污水平；进一步强化有色金属冶炼、化学原料制品制造等涉重行业管控措施，实施涉重行业生产技术清洁化改造，强化燃煤电厂大气汞的协同控制；全面启动历史遗留重金属污染场地治理与修复，实施青海中星化工厂、原海北化工厂及西宁市七一路等六处铬污染土治理和门源松树南沟选金废渣等矿山历史遗留废渣安全处置。加强化学品风险防控，初步构建化学品环境风险信息管理体系，实行重点环境管理危险化学品环境风险评估，重点加强西宁市、海东市和海西州、海北州废弃危险化学品安全处置，开展环境激素类化学物质生产使用情况调查，强化工业园区规范化管理，降低化学品聚集区域环境风险。

（3）水环境一般管控区管控要求

从水环境功能区管理要求上看，湟水流域多为景观娱乐用水区、过渡区等，现状水质达标，尚有一定的剩余水环境容量，湟水流域水环境优先保护区的管控要求是：

在空间布局约束方面上，要在合理发展的同时严格水环境保护。要依据控制单元水环境容量资源定人、定产，合理进行城市空间和产业布局，对新（改、扩）建项目实行总量置换削减、排污指标申购等总量控制措施，严控高耗能、高排放和产能过剩行业新上项目。

在污染物排放控制方面上，要因地制宜，进一步强化对生活源的治理力度。要强化对农村分散生活污水、污水处理厂高效稳定运行技术问题上的突破，通过完善重点乡镇和人口聚集区污水处理设施及配套管网等工程，进一步改善水质；通过重点实施河道生态护岸、垫层建设及现有河道内水工构筑物的生态化改造，要加强流域内水生态修复。

在水生态环境风险防控方面，要进一步完善工业企业和矿山环境风险防范和管理体系建设。要进一步开展企业风险隐患排查与风险评估，增强企业的环境风险意识，努力降低涉重金属、危险废物、化学品等重点领域区域环境风险，将环境风险管控在经济社会可接受水平，守住环境安全底线。

# 3

## 第3章

## 基于"三线一单"与"三区三线"的水环境空间管控

空间布局的不合理是造成我国生态环境问题突出且难以解决的重要原因。"三线一单"通过区域空间生态环境评价,构建覆盖全域的环境管控单元,提出生态环境准入清单,从而调整优化空间布局,为从水环境空间视角推进生态文明建设和可持续发展提供了有力抓手。为保证"三线一单"真正落地,需要根据区域空间或流域空间存在的重大战略问题,与生态环境保护目标对标,及时、科学制定配套政策,固化管控要求到具体的行业、领域以及具体的空间范围。本章在"三线一单"水环境空间管控框架下,对湟水流域"三区三线"现状进行分析,评价资源环境承载能力和国土空间开发适宜性;总结水环境质量现状达标区域和未达标区域,同时基于流域水系及城市排水特征,提出水环境管控单元划分的技术方法。测算水环境容量,分析水环境质量改善潜力,并提出了生态环境分区管控体系,为湟水流域水环境空间精细化管控提供支撑。

**专栏**

"三线一单"是指生态保护红线、环境质量底线、资源利用上线和生态环境准入清单,是推进生态环境保护精细化管理、强化国土空间环境管控、推进绿色高质量发展的一项重要工作。

生态保护红线指在生态空间范围内具有特殊重要生态功能、必须强制性严格保护的区域,是保障和维护国家生态安全的底线和生命线,通常包括具有重要水源涵养、生物多样性维护、水土保持、防风固沙、海岸生态稳定等功能的生态功能重要区域,以及水土流失、土地沙化、石漠化、盐渍化等生态环境敏感脆弱区域。按照"生态功能不降低、面积不减少、性质不改变"的基本要求,实施严格管控。

环境质量底线指按照水、大气、土壤环境质量不断优化的原则,结合环境质量现状和相关规划、功能区划要求,考虑环境质量改善潜力,确定的分区域分阶段环境质量目标及相应的环境管控、污染物排放控制等要求。

资源利用上线指按照自然资源资产"只能增值、不能贬值"的原则，以保障生态安全和改善环境质量为目的，利用自然资源资产负债表，结合自然资源开发管控，提出的分区域分阶段的资源开发利用总量、强度、效率等上线管控要求。

生态环境准入清单指基于环境管控单元，统筹考虑生态保护红线、环境质量底线、资源利用上线的管控要求，提出的空间布局、污染物排放、环境风险、资源开发利用等方面禁止和限制的环境准入要求。

## 专栏

"三区三线"是指城镇空间、农业空间、生态空间三种类型空间所对应的区域，以及分别对应划定的城镇开发边界、永久基本农田保护红线、生态保护红线三条控制线。其中"三区"突出主导功能划分，"三线"侧重边界的刚性管控。它是国土空间用途管制的重要内容，也是国土空间用途管制的核心框架。

城镇空间：以承载城镇经济、社会、政治、文化、生态等要素为主的功能空间。

农业空间：以农业生产、农村生活为主体的功能空间。

生态空间：指具有自然属性、以提供生态服务或生态产品为主的功能空间，包括森林、草原、湿地、河流、湖泊、滩涂、岸线、海洋、荒地、荒漠、戈壁、冰川、高山冻原、无居民海岛等。

城镇开发边界：在一定时期内因城镇发展需要，可以集中进行城镇开发建设，重点完善城镇功能的区域边界，设计城市、建制镇以及各类开发区等。

永久基本农田：是按照一定时期人口和经济社会发展对农产品的需求，依据国土空间规划确定的不得擅自占用或改变用途的耕地。

生态保护红线：是在生态空间范围内具有特殊重要生态功能、必须强制性严格保护的陆域、水域、海域等区域，是保障和维护国家生态安全的底线和生命线。

"三区"内部统筹要素分类，是功能分区和用途分类的基础；"三线"是"三区"内部最核心的刚性要求。空间关系上，"三区"各自包含"三线"。生态空间，包括生态保护红线范围和一般生态空间；农业空间，包括永久基本农田和一般农业空间；城镇空间，包括城镇开发边界内和边界外部分城镇空间。生态空间是结合主体功能区定位，统筹协调林草生态、水系功能、水源地保护、河湖岸线划定等目标的空间。在实践过程中，可结合实际具体将生态空间划分为不同类型保护区，如自然保护区、森林公园、风景名胜区、生物多样性维护区、水源涵养区、水土保持区、湖泊水库湿地等，以及其他生态环境敏感、脆弱区域。

"三线"属于国土空间的边界管控，对国土空间提出强制性约束要求。生态保护红线是以重要生态功能区、生态敏感区和生态脆弱区为重点而划定的实施强制性保护的空间边界。基本农田保护红线是对基本农田进行特殊保护和管理的管制边界。城镇开发边界是城镇建设与第二、第三产业发展空间的管制边界，允许城镇建设用地的最大边界。"三线"的划定协调坚持生态优先的总原则。在规划冲突或模棱两可的时候，优先划定生态红线和基本农田保护红线，在此基础上，划定城市开发边界，从而使得区域的自然资源始终处于安全的保护框架内。

"三线"是"三区"划定的基础，也是从源头上保护生态空间和农业空间、限制城镇空间的重要手段。2014年以来，在深入推进空间规划试点的基础上，国家积极开展"三线"划定试点，率先强化对重要生态功能区、重要生态敏感区、永久基本农田等空间的保护，取得了阶段性成果。

目前，全国已经初步形成了"三线"划定的相关技术流程成果，部分省份出台了相关的管理办法。在当前的"三线"划定成果上，随着发展需求的改变，"三线"的内涵和标准也将不断做出调整。至于"三区三线"划定能不能实现国土空间用途管制的预期目标，还有待理论和实践的不断探索。从历史上看，城镇开发边界的划定早已有之。城乡规划从"一书三证"到"三区（禁止建设区、限制建设区、适宜建设区）四线（蓝线、绿线、黄线、紫线）"；国土资源部门划定的"三界四区"（"三界"主要指规模边界、扩展边界和禁建边界，"四区"主要指允许建设区、有条件建设区、禁止建设区和限制建设区），都是为了管制城市开发边界，防止城市无限蔓延，保护生态环境及基本农田，但在实践中的控制作用极为有限，尚待不断地探索。

科学划分生产、生活和生态三大空间，合理界定建设用地、农业用地、生态用地，体现了生产空间集约高效、生活空间美丽宜居、生态空间山清水秀的美好愿景，科学勘界"三区三线"，为实现自然资源的开发与保护双赢打好基础。

## 3.1 流域"三区三线"现状分析

### 3.1.1 "三区"评价结果分析

生态保护重要区、极重要区占比高。生态保护重要性评价结果分为一般重要、重要、极重要三个级别，黄河流域生态保护重要性类型以极重要为主，占比最大。一般重要、重要、极重要区域分别占流域总面积的5.41%、28.75%和66.71%。其中，生态保护极重要区和重要区面积总计26.51万 $km^2$，占流域总面积的95.46%（图3-1）。

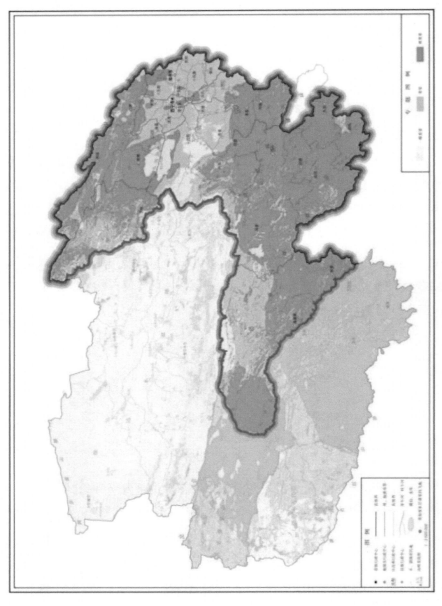

图 3-1 黄河流域生态保护重要性评价结果

农业生产适宜区占比低。流域内农业生产不适宜区、一般适宜区、适宜区占比分别为 13.51%、52.02% 和 37.76%。其中,农业生产适宜区总面积为 9.65 万 km²,主要分布在青海省黄河流域中下游地区,东部集中在河湟谷地和青海湖流域周边地区,以种植小麦、油菜为主;南部相对集中在泛共和盆地至青南部分区域,其海拔及光热条件适宜青稞等特色农作物生长(图 3-2)。

牧业生产适宜区占比高。黄河流域牧业生产不适宜区、一般适宜区、适宜区占比分别为 17.38%、23.62% 和 59.28%。牧业生产一般适宜区、适宜区总面积共约 23.02 万 km²,占流域面积的 82.90%(图 3-3)。

城镇建设适宜区占比低。青海省黄河流域城镇建设不适宜区、一般适宜区、适宜区面积占比分别为 87.24%、11.42% 和 1.62%,总体呈现"大分散、小聚集"的分布形态。其中,城镇建设适宜区面积为 0.45 万 km²,主要分布在河湟谷地的西宁市中心城区、湟源县,海东市乐都县、平安区及共和县;城镇建设一般适宜区面积为 3.17 万 km²,主要分布在低山丘陵及沟谷盆地区域。

生态农业城镇空间冲突,开发保护矛盾凸显。受自然地理环境约束,流域内三类空间存在较大矛盾冲突。一是建设占用重要生态空间,103.81 km² 的建设用地位于生态保护红线内;线性基础设施大量穿越生态敏感区和重要生态功能区;大量矿业权因生态红线退出,包括赛什塘、铜峪沟等储量超过 50 万 t 的大型铜矿。二是城镇挤压农业空间。城镇建设适宜区与农业生产适宜区高度重叠,2010—2018 年,城乡建设用地面积增加 2.47 万 hm²,同期,耕地面积减少 1.64 万 hm²,主要集中在河湟谷地等粮食主产区。三是农牧与生态空间交织,部分永久基本农田、耕地及相当数量的牧草地划入生态保护红线、自然保护地等生态空间(图 3-4)。

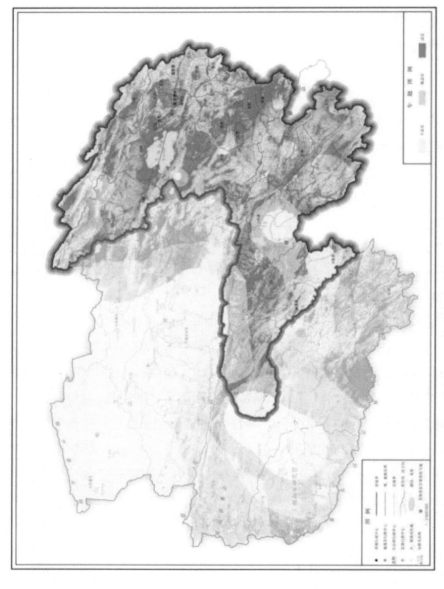

图 3-2　黄河流域农业生产适宜性评价结果

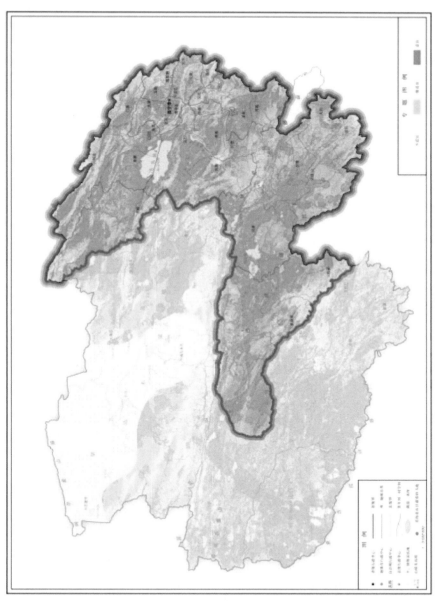

图 3-3 黄河流域牧业生产适宜性评价结果

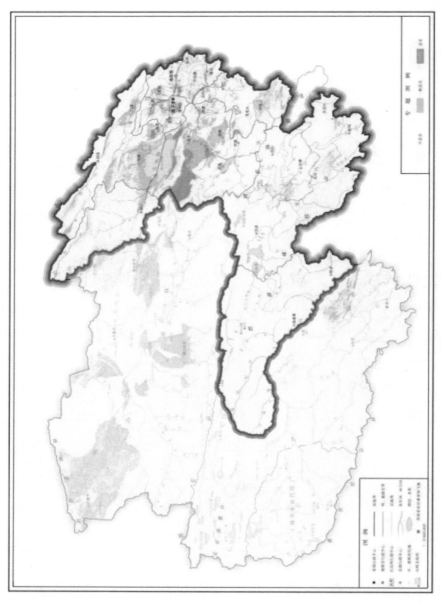

图3-4 黄河流域城镇开发适宜性评价结果

## 3.1.2　黄河流域主体功能区

综合考虑资源环境承载能力、经济社会发展水平、生态系统特征以及人类活动空间分异，将区域内 35 个县 328 个乡镇级行政单元分别按城镇化发展、农牧生产和生态功能三类主体功能划分为地域空间单元，为实施国土空间差别化管控提供依据。

城市化发展区。主要包括各市（州）的州府所在地及部分重点发展的县城，这类区域是人口和产业主要集聚地区，辐射带动地区经济社会发展、提高地区综合竞争力的重点区域，是率先实现创新驱动和高质量发展的有利支撑。主要包括西宁市 5 个区、海东市乐都区和海南州共和县等的 81 个乡镇。

农产品主产区。主要分布在河湟谷地，该区域耕种历史悠久，水土光热等条件较好，具备较好的农业生产基础，以粮食生产和重要农产品种植为主，是支撑农牧业现代化发展的重要区域。主要包括西宁市大通县、海东市平安区、民和县等 125 个乡镇。

## 3.1.3　三类空间划定情况

（1）生态空间

生态空间分为生态保护红线与一般生态空间。一般生态空间是指生态保护红线、农业空间、城镇空间以外的具有一定生态功能、需要保护，并在遵循有关法规及管制规则的前提下，限制开发利用的区域。流域内生态空间面积为 15.04 万 $km^2$，占流域总面积的 54.14%。

（2）农业空间

农业空间一般包含永久基本农田、一般耕地、耕地后备资源潜力区、基本草原或承包草场、人工牧草地、人工商品林、园地、农村居民点、农田水利设施用地以及田间道路和其他一切农业生产性建筑物占用的土地等，原则上为城镇空间和生态空间以外的所有区域。流域农业空间面积为 12.52 万 $km^2$，占国土面积的 45.08%。

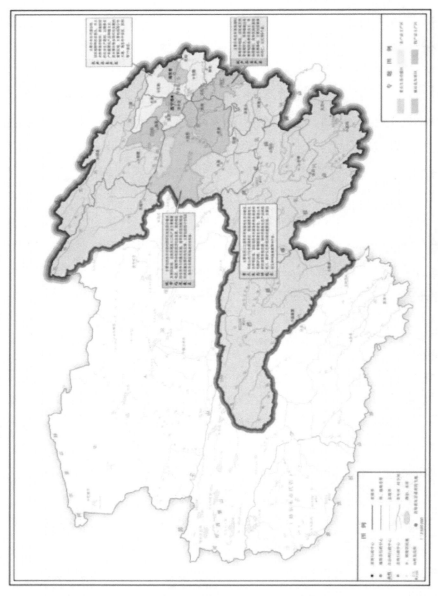

图 3-5  黄河流域（青海）主体功能区分布图

农业生产区。农业生产区包含永久基本农田、一般耕地、园地、农田水利设施用地、田间道路、耕地后备资源潜力区等农业生产占用的土地。农业生产区主要分布在西宁市大通县、湟中县、湟源县，海东市乐都区、平安区等的永久基本农田和设施农牧业区域。

牧业发展区。牧业发展区包含基本草原或承包草场、人工牧草地等以畜牧业为主要功能的牧区草原，区内土地主要用于牧业生产，以及直接为牧业生产和生态建设服务的牧业设施。

（3）城镇空间

城镇空间一般包括城镇开发边界以内所有土地及网络化空间组织。网络化空间组织是指连接生态空间、农业空间、城镇空间的交通和基础设施网络。流域内城镇空间面积为 0.22 万 $km^2$，占流域总面积的 0.78%。

## 3.1.4 三条控制线划定情况

科学划定落实生态保护红线、永久基本农田、城镇开发边界等三条控制线，将三条控制线作为调整经济结构、规划产业发展、推进城镇化不可逾越的红线。结合生态保护红线和自然保护地评估调整、永久基本农田核实整改等工作，统筹确定三条控制线，做到边界不交叉、空间不重叠、功能不冲突。各类线性基础设施应尽量并线、预留廊道，做好与三条控制线的协调衔接。

（1）生态保护红线

生态保护红线是在生态空间范围内具有特殊重要生态功能、必须执行严格保护的核心区域，是保障和维护国家生态安全的底线和生命线。

生态保护红线主要以整合优化后的自然保护地为主，自然保护地发生调整的，生态保护红线相应调整。同时将水源涵养、生物多样性维护、防风固沙、水土保持、水土流失、土地沙化等生态功能极重要区域、生态极敏感极脆弱区域、具有潜在重要生态价值的其他区域划入生态保护红线。流域内生态保护红线划定面积为 12.37 万 $km^2$，占流域总面积的 44.80%，占全省生态保护红线面积的 42.62%。生态保护红线主要集中在三江源国家

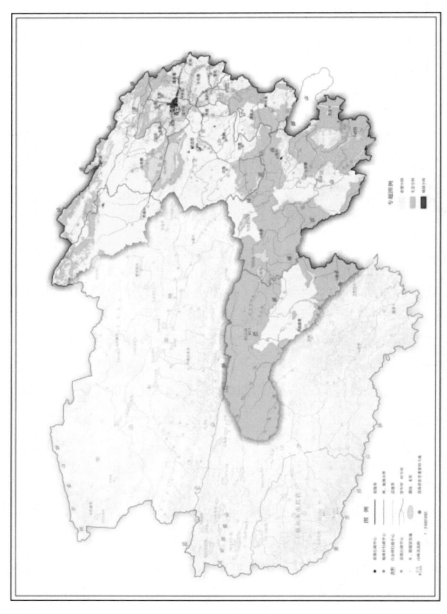

图 3-6 黄河流域（青海）三类空间布局示意图

公园、祁连山国家公园，东部河湟谷地少量分布。其中，曲麻莱县生态保护红线面积最大，为 30 174.43 km²，占黄河流域国土面积的 10.93%；其次为玛多县，红线面积为 19 379.65 km²，占黄河流域国土面积的 7.02%。

（2）永久基本农田

永久基本农田是为了保障国家粮食安全和重要农产品供给，实施永久特殊保护的耕地。

根据耕地现状分布、耕地质量、粮食作物种植情况、土壤污染状况，在严守耕地红线基础上，按照一定比例，将达到质量要求的耕地依法划入永久基本农田。流域内划定永久基本农田保护红线 4 028.83 km²（604.32 万亩），占全省黄河流域国土总面积的 1.42%。主要分布在日月山以东气候光热条件较好的河湟谷地和共和盆地。海东市的互助县、民和县、化隆县，西宁市的湟中区、大通县，海北州的门源县，黄南州部分地区，三江源地区河谷地带也有零星分布。到 2035 年，确保区域永久基本农田不低于 40.29 万 hm²。

（3）城镇开发边界

城镇开发边界在一定时期内因城镇发展需要，可以集中进行城镇开发建设，重点完善城镇功能区域边界，涉及城市、建制镇以及各类开发区等。

按照集约适度、绿色发展的要求划定城镇开发边界。城镇开发边界划定以城镇开发建设现状为基础，综合考虑资源环境承载能力、国土空间开发适宜性评价、人口分布、经济布局、城乡统筹、城镇发展阶段和发展潜力，框定总量，限定容量，防止城镇无序蔓延。同时考虑地区间的差异和城镇未来发展不确定性，科学预留一定比例的留白区，为未来发展留有开发空间。流域共划定城镇开发边界总面积 686.10 km²，占全省城镇开发边界的 66.54%。主要分布于西宁—海东都市圈、泛共和盆地地区，包含西宁、海东、共和、海晏、贵德等主要城市的城镇建设范围，各县城城区、各建制镇镇区建设范围等，以及西宁经济技术开发区、青海高新技术产业开发区等产业园区。

## 3.2 流域 "三线一单" 现状分析

### 3.2.1 生态保护红线及水生态分区情况

按照《生态保护红线划定指南》和《"生态保护红线、环境质量底线、资源利用上线和环境准入负面清单"编制技术指南（试行）》要求，衔接青海省生态保护红线划定过程中，生态系统服务功能重要性评估和生态环境敏感性评估结果，将青海省水源涵养功能极重要区和重要区，水土保持、防风固沙、生物多样性功能极重要区，生态环境极敏感区，各类保护地识别为生态空间。除生态保护红线外的生态空间为一般生态空间。

青海省生态空间总面积 504 485.30 km²，占全省国土面积的 72.25%，其中生态保护红线面积为 290 212.49 km²，占全省国土面积的 41.66%；一般生态空间面积为 214 272.81 km²，占全省国土面积的 30.59%。生态空间分布图见图 3-7。

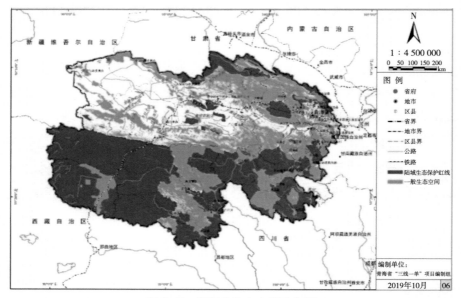

图 3-7 青海省生态空间分布图

## 3.2.2 水环境质量底线及水环境分区情况

（1）水环境质量底线

①水环境质量目标

底线目标：到 2020 年，重点流域水环境质量持续保持稳定，饮用水安全保障水平提升，湟水流域水生态环境状况有所好转。到 2035 年，全省水环境安全，水生态系统稳定，水质优良。

主要指标：到 2020 年，黄河干流出境断面水质保持在 II 类以上；湟水流域消除少数区段劣 V 类水体，出境控制断面水质稳定达到 IV 类并向好发展，干流 III 类以上水质比例达到 36%。

到 2035 年，黄河干流出境断面水质持续保持在 II 类以上；湟水流域出境控制断面水质稳定达到 III 类，干流 III 类以上水质断面比例达到 54% 以上，支流断面水质稳定保持在 III 类以上。

②水环境容量

依据水环境功能区范围、水文条件、来流背景浓度和功能区水质控制目标，以点源位置作为模型排污口位置输入条件，模拟计算功能区最大允许纳污量。根据青海省 2020 年、2025 年和 2035 年水质目标，计算得到青海省到 2020 年化学需氧量理想水环境容量 91 334 t/a，氨氮理想水环境容量 6 536 t/a，总磷理想水环境容量 1 304 t/a；到 2025 年，全省化学需氧量理想水环境容量 89 067 t/a，氨氮理想水环境容量 6 421 t/a，总磷理想水环境容量 1 281 t/a；到 2035 年，全省化学需氧量理想水环境容量 85 507 t/a，氨氮理想水环境容量 6 158 t/a，总磷理想水环境容量 1 229 t/a。

结合区域现状入河污染负荷，全省 21 个重点控制单元中，有 20 个控制单元有化学需氧量剩余容量，合计剩余容量 25 189.8 t/a；有 12 个控制单元有氨氮剩余容量，合计剩余容量 623.5 t/a；15 个控制单元有总磷剩余容量，合计剩余容量 162.2 t/a。

各市（州）中，西宁市涉及重点控制区控制子单元 7 个，合计剩余化学需氧量、氨氮和总磷水环境容量分别为 7 151.5 t/a、100.1 t/a 和 39.6 t/a；

海东市涉及重点控制区控制子单元 8 个，合计剩余化学需氧量、氨氮和总磷水环境容量分别为 12 055.4 t/a、363.9 t/a 和 61.64 t/a；海西州涉及重点控制区控制子单元 4 个，合计剩余化学需氧量、氨氮和总磷水环境容量分别为 5 873.9 t/a、142.6 t/a 和 57.2 t/a；海北州涉及重点控制区控制子单元 2 个，有剩余化学需氧量、氨氮和总磷水环境容量分别为 109.0 t/a、16.9 t/a 和 3.8 t/a。

③总量减排目标

根据重点控制单元剩余水环境容量核算结果，理想容量计算结果，为实现 2020 年水质目标，全省化学需氧量减排量、氨氮和总磷减排量分别为 3 607.2 t/a、860.2 t/a 和 19.2 t/a，减排任务主要分布在西宁市、海东市、海北州。

（2）水环境管控分区

根据《水环境管控分区技术指南》（HJ 96.3—2018）和《水环境管控分区技术要求》（GB/T 31962—2015），以水环境控制单元为基本单元，分析各环境管控单元的功能定位，结合饮用水水源地、源头水功能区及水质超标区域分布，基于水环境系统评价结果，划分水环境优先保护区、重点管控区和一般管控区。

①优先保护区

结合《青海省水环境功能区划（2017 年）》，将青海省重要江河源头、饮用水水源保护区、自然保护区以及珍稀濒危水生生物及重要水产种质资源的产卵场、索饵场、越冬场、洄游通道、河湖及其生态缓冲带等重要水环境功能区及所属的控制单元作为水环境优先保护区。全省共划分水环境优先保护区控制单元 61 个，占水环境控制单元总数的 64.2%，面积占全省国土面积的 79.8%。

②重点管控区

将青海省重点工业园区、水质断面等数据与管控单元叠加，将重点工业园区所在控制单元作为水环境工业污染重点管控区，将水质超标的控制单元作为重点管控区，并结合控制单元污染负荷情况将单元划分为城镇生活污染重点管控区、水环境农业污染重点管控区。全省共划分水环境重点管控区控制单元 21 个，占水环境控制单元总数的 22.1%，面积占全省国土面积的 10.0%。

③一般管控区

将青海全省除水环境优先保护区、水环境重点控制区之外的其他水环境功能区及其所属的控制单元作为一般管控区。全省共划分水环境一般管控区单元 13 个，占水环境控制单元总数的 13.7%，面积占全省国土面积的 10.2%。经汇总，青海省共划分 95 个水环境管控单元，包括水环境优先保护区控制单元 61 个、水环境重点管控区控制单元 21 个，以及水环境一般管控区单元 13 个（图 3-8）。

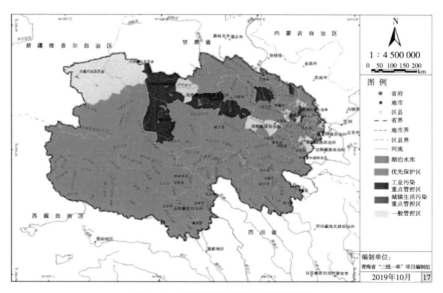

图 3-8  青海省水环境分区管控图

### 3.2.3  资源利用上线及水资源分区情况

（1）水资源利用上线

青海省水资源利用上线根据实行最严格水资源管理制度"三条红线"控制指标确定。总体控制目标为：到 2020 年，水资源消耗总量和强度双控管理制度基本完善，双控措施有效落实，双控目标基本完成，初步实现城镇发展规模、人口规模、产业结构和布局等经济社会发展要素与水资源协调发展。各市（州）、县用水总量得到有效控制，全省年用水总量控制在 37.95 亿 m³ 以内。万元国内生产总值用水量、万元工业增加值用水量分别比 2015 年降低 18% 和 15%；农田灌溉水有效利用系数提高到 0.50 以上（图 3-9）。

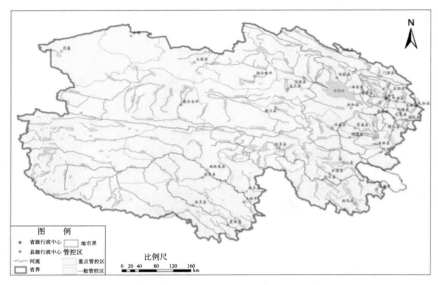

图 3-9　青海省水资源利用上线管控分区图

（2）水资源管控分区

根据青海省五大生态板块分区及其存在的水资源问题，将河湟地区作为重点管控区。

①优先保护岸线。

根据《"三线一单"岸线生态环境分类管控技术说明》，结合青海省生态保护红线划分结果、青海省水功能区划和水环境控制单元划分结果，以及青海省境内长江流域、黄河流域、青海湖流域岸线开发现状和开发规划，将长江流域（通天河）涉及河流岸线全部划分为优先保护岸线。将黄河干流羊曲以上河段（包括扎陵湖、鄂陵湖）河湖岸线、龙羊峡库区出口—贵德县、李家峡库区出口—循化县出省河段划分为优先保护岸线。将青海湖除沙柳河刚察县控制单元所在岸线外全部划分为优先保护岸线。

②重点管控岸线。

因青海省河湖岸线没有开发的港口及工业开发较高的岸线，根据《"三线一单"岸线生态环境分类管控技术说明》，结合岸线现状开发利用情况，将羊曲—龙羊峡库区出口、贵德县—李家峡库区出口、青海湖沙柳河刚察县控制子单元涉及的生态环境压力较大的河湖岸线划分为重点管控岸线。

③一般管控岸线。

青海省未划定一般管控岸线。

### 3.2.4　环境管控单元划定情况

（1）环境管控单元划定及分类方案

根据上报生态环境部的青海省生态保护红线划定成果，环境管控单元划分以青海省主体功能区规划为基础，衔接地区行政边界，实施分类管控。青海省根据自然环境特征、人口密度、开发强度、生态环境管理基础能力等因素，确定环境管控单元的空间尺度为县。原则上以五大板块为基础、以县为单元，对环境污染重、风险高、开发强度高的区域，进一步细化；开发强度较低、生态功能重要、以生态保护为主的区域，适当放大环境管控单元的空间尺度。分析各环境管控单元生态、水、大气、土壤等环境要素的区域功能及自然资源利用的保护、管控要求等，将环境管控单元划分为优先保护单元、重点管控单元和一般管控单元三类。

1）优先保护单元

考虑青海省国家生态安全屏障功能，将生态保护红线、生态功能重要性评价中水源涵养极重要区与重要区、其他生态功能极重要区和生态环境极敏感区、各类自然保护地及禁止开发区、水环境优先保护区、大气环境优先保护区等纳入优先保护范围，强调以生态保护为主，禁止或限制大规模的工业发展、矿产等自然资源开发和城镇建设。划定过程中以生态空间图层为基准图层，叠加水、大气环境管控分区等图层，融合时保留生态空间边界信息，未拟合至行政边界，但保留各生态环境要素的属性，作为各环境管控单元编制生态环境准入清单的依据。

2）重点管控单元

选取人口密集、资源开发强度大、污染物排放强度高的区域，包括城镇、工业园区（集聚区）、重点矿区等，将以上区域的边界衔接水环境重点管控单元和大气环境重点管控单元边界，考虑优先保护单元的空间分布，以及重点管控单元差别化管理的需求，划定重点管控单元。

3）一般管控单元

包括除优先保护类和重点管控类外的其他区域，执行区域生态环境保护的基本要求。其中，永久基本农田在空间上纳入一般管控区，单独提出管控要求。

（2）全省环境管控单元划定结果

1）优先保护区

青海省优先保护区中包含生态保护红线、其他生态空间、大气优先保护区、水环境优先保护区。

将生态保护红线、其他生态空间、大气环境、水环境的优先保护区进行综合考虑，划定环境综合优先保护单元，共划定 354 个环境单元，包含生态保护红线、各类保护地（含饮用水水源保护区）、其他生态空间，其中其他生态空间按照生态功能极重要区、水源涵养功能重要区和生态环境极敏感区进行了拆分。优先保护单元面积总计 504 485.3 km²，占全省国土面积的 72.25%。优先保护区跟重点管控区重叠部分，如果是生态红线，仍按生态红线的边界为准，如果是其他生态空间，重点管控和生态空间的边界和属性均保留。通过叠图，重点管控区与其他生态空间重叠的面积为 15 776.98 km²，优先保护单元扣除重叠面积后为 488 708.32 km²，占全省国土面积的 69.99%（图 3-10）。

2）重点管控区

重点管控单元的划定，主要是从人类活动活跃程度的角度进行考虑，识别出城镇空间、工业空间和矿区作为重点管控单元。

通过对城镇集中区、工业集聚区、重点矿区的叠合，青海省共划定了

131 个环境综合重点管控单元，总面积约 56 234.18 km²（含与生态空间重叠面积 15 776.98 km²），占青海省国土面积的 8.05%（图 3-11）。

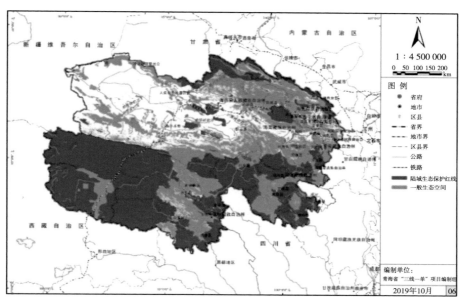

图 3-10　青海省优先保护区分布图

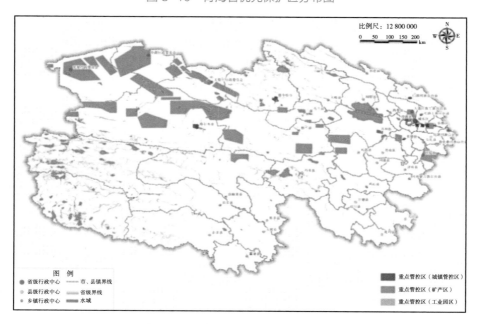

图 3-11　青海省重点管控区分布图

3）一般管控区

把除优先管控单元和重点管控单元外的其他区域都划为环境综合一般管控级别，按区县行政边界分为 78 个单元，总面积为 153 340.44 km$^2$，占青海省国土面积的 21.96%，其中永久基本农田面积为 4 894.39 km$^2$。

在一般管控单元内，每个区块有各自不同的环境要素管控级别和类型，在管控单元划定结果的属性信息中均予以保留（图 3-12）。

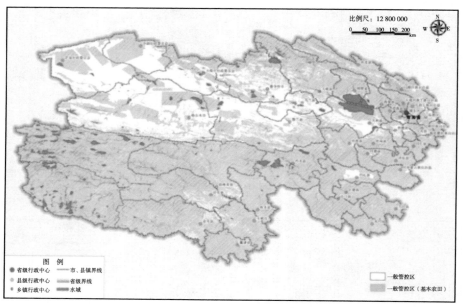

图 3-12　青海省一般管控区分布图

4）环境管控单元

根据上报生态环境部的青海省生态保护红线划定成果，全省共划定 563 个环境管控单元，其中优先保护单元 354 个，面积 488 708 km$^2$，占全省国土面积的 69.99%；重点管控单元 131 个，面积 56 234 km$^2$，占全省国土面积的 8.05%；一般管控单元 78 个，面积 148 446 km$^2$，占全省国土面积的 21.96%，见图 3-13，表 3-1，表 3-2。

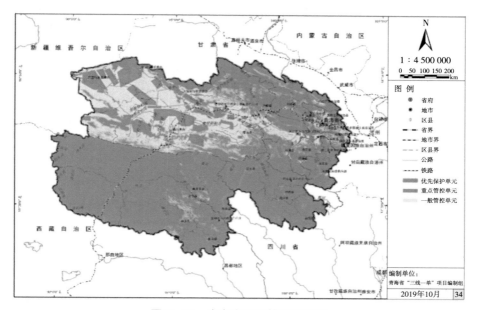

图 3-13　青海省环境管控单元图

表 3-1　青海省各板块综合管控单元数量情况　　　　　　　　单位：个

| 五大板块 | 优先保护区单元数量 | 重点管控区数量 | 一般管控区数量 | 各板块划定单元总数 |
|---|---|---|---|---|
| 三江源地区 | 152 | 23 | 25 | 200 |
| 环青海湖地区 | 28 | 8 | 7 | 43 |
| 祁连山地区 | 19 | 3 | 4 | 26 |
| 河湟地区 | 101 | 38 | 30 | 169 |
| 柴达木地区 | 54 | 59 | 12 | 125 |
| 合计 | 354 | 131 | 78 | 563 |

表 3-2　青海省各市（州）环境管控单元面积及占比情况

| 序号 | 市（州）名称 | 优先保护单元 | | | | 重点管控单元 | | 一般管控单元 | |
|---|---|---|---|---|---|---|---|---|---|
| | | 生态保护红线面积 / km² | 占市（州）面积比 / % | 一般生态空间面积 / km² | 占市（州）面积比 / % | 面积 / km² | 占市（州）面积比 / % | 面积 / km² | 占市（州）面积比 / % |
| 1 | 西宁市 | 1 027.78 | 13.37 | 3 770.32 | 49.03 | 1 117.57 | 14.53 | 1 774.20 | 23.07 |
| 2 | 海东市 | 1 054.87 | 8.06 | 6 694.08 | 51.13 | 993.77 | 7.59 | 4 350.55 | 33.23 |
| 3 | 海西州 | 61 504.28 | 20.40 | 66 045.84 | 21.91 | 47 502.92 | 15.76 | 126 382.92 | 41.93 |
| 4 | 海北州 | 10 810.36 | 31.32 | 20 344.45 | 58.95 | 160.84 | 0.47 | 3 197.38 | 9.26 |
| 5 | 海南州 | 10 030.64 | 22.92 | 20 037.22 | 45.78 | 3483.96 | 7.96 | 10 216.75 | 23.34 |
| 6 | 黄南州 | 7384.22 | 40.62 | 8 827.24 | 48.56 | 1 414.23 | 7.78 | 551.78 | 3.04 |
| 7 | 果洛州 | 48 382.56 | 65.02 | 25 173.37 | 33.83 | 194.87 | 0.26 | 664.82 | 0.89 |
| 8 | 玉树州 | 153 918.44 | 75.02 | 43 665.92 | 21.28 | 1 388.50 | 0.68 | 6 197.94 | 3.02 |

## 3.3　流域"三线一单""三区三线"空间关系分析

### 3.3.1　"三区"与"三线一单"划分总体概况

青海黄河流域面积约 15.1 km²（自然流域），在空间规划中，生态空间占 65.24%，农业空间占 32.93%，城镇空间占 1.82%。具体见表 3-3。

表 3-3　青海黄河流域"三区"面积统计

| 空间 | 面积 /km² | 占比 /% |
|---|---|---|
| 城镇空间 | 2 754.09 | 1.82 |
| 农业空间 | 49 753.47 | 32.93 |
| 生态空间 | 98 559.74 | 65.24 |
| 合计 | 151 067.30 | 100.00 |

在青海省已发布的"三线一单"中,将黄河流域在空间上划分为优先管控单元、重点管控单元和一般管控单元三种类型,其中优先管控单元面积占 87.04%,重点管控单元面积占 3.95%,一般管控单元面积占 9.01%。具体见表 3-4。

表 3-4  青海黄河流域"三线一单"分类管控面积统计

| 类别 | 面积 /km² | 占比 /% |
|---|---|---|
| 优先管控单元 | 131 490.12 | 87.04 |
| 生态保护红线 | 65 500.58 | |
| 生态空间 | 65 989.54 | |
| 重点管控单元 | 5 960.69 | 3.95 |
| 城镇空间 | 940.45 | |
| 重点矿区 | 4 930.54 | |
| 工业园区 | 89.69 | |
| 一般管控单元 | 13 616.49 | 9.01 |
| 基本农田 | 3 275.37 | |
| 一般管控区 | 10 341.12 | |
| 合计 | 151 067.30 | 100.00 |

## 3.3.2 "三区"与"三线一单"空间关系叠加结果分析

考虑到"三线一单"中空间分类为生态保护红线、环境质量底线、资源利用上线的综合空间分类,未特别突出环境要素,同时,优先管控单元、重点管控单元和一般管控单元又有进一步划分为生态保护红线区、生态空间区、城镇空间区、重点矿区、工业园区、基本农田区和一般管控区的实际,本次"三区"与"三线"空间叠加分析采取"三线一单"各类别区域分别与"三区"空间在 GIS 中进行空间叠加的方式。

（1）优先管控单元与"三区"叠加结果分析

①优先管控单元内"三区"分布情况。

"三线一单"中优先管控单元范围总面积为 131 490.12 km²，经过叠加分析，其中空间规划中的生态空间占总面积的 71.87%，城镇空间面积占总面积的 0.59%，农业空间占总面积的 27.54%，面积统计见表 3-5。

表 3-5  优先管控单元内"三区"面积统计

| 空间 | 面积 /km² | 占总面积比 /% |
|------|-----------|---------------|
| 城镇空间 | 776.04 | 0.59 |
| 农业空间 | 36 217.70 | 27.54 |
| 生态空间 | 94 496.37 | 71.87 |
| 合计 | 131 490.12 | 100.00 |

②生态保护红线区内"三区"分布情况。

"三线一单"中生态保护红线范围总面积为 65 500.58 km²，经过叠加分析，其中空间规划中的生态空间占总面积的 99.85%，城镇空间面积占总面积的 0.03%，农业空间占总面积的 0.12%，面积统计见表 3-6。具体来说，生态保护红线内城镇空间分布面积较小，基本零星分布于 25 个县（区、市），面积最大的分别为甘德县、兴海县、河南县和循化县；生态保护红线内农业空间分布面积不大，也基本零星分布于 24 个县（区、市），面积最大的分别为甘德县、兴海县、循化县和同德县。具体见表 3-7 和图 3-14。

表 3-6  生态保护红线内"三区"面积统计

| 空间 | 斑块数 | 面积 /km² | 占总面积比 /% |
|------|--------|-----------|---------------|
| 城镇空间 | 90 | 20.15 | 0.03 |
| 农业空间 | 113 | 78.16 | 0.12 |
| 生态空间 | 283 | 65 402.27 | 99.85 |
| 合计 | 486 | 65 500.58 | 100.00 |

表 3-7　生态保护红线内各县（区、市）城镇和农业空间分布统计

单位：km²

| 县区 | 生态保护红线内城镇空间面积 | 生态保护红线内农业空间面积 |
|---|---|---|
| 大通县 | 0.13 | 0.32 |
| 湟源县 | | 0.11 |
| 乐都区 | 0.01 | 0.20 |
| 平安区 | 0.06 | 0.14 |
| 民和县 | 0.08 | 1.82 |
| 互助县 | 0.28 | 3.17 |
| 化隆县 | 0.13 | 0.83 |
| 循化县 | 1.34 | 11.62 |
| 门源县 | 0.06 | 0.06 |
| 祁连县 | 0.02 | 0.03 |
| 刚察县 | 0.005 | |
| 同仁市 | 0.82 | 3.29 |
| 尖扎县 | 0.02 | 0.19 |
| 泽库县 | 0.64 | 0.25 |
| 河南县 | 2.71 | 2.29 |
| 同德县 | 0.98 | 7.45 |
| 贵德县 | 0.54 | 0.46 |
| 兴海县 | 3.38 | 15.90 |
| 贵南县 | 1.13 | 0.43 |
| 玛沁县 | 0.54 | 4.53 |
| 班玛县 | 0.000 3 | |
| 甘德县 | 6.29 | 21.62 |
| 达日县 | 0.56 | 2.56 |
| 久治县 | 0.12 | 0.90 |
| 玛多县 | | 0.000 2 |
| 称多县 | 0.01 | 0.000 6 |
| 曲麻莱县 | 0.28 | |
| 合计 | 20.15 | 78.16 |

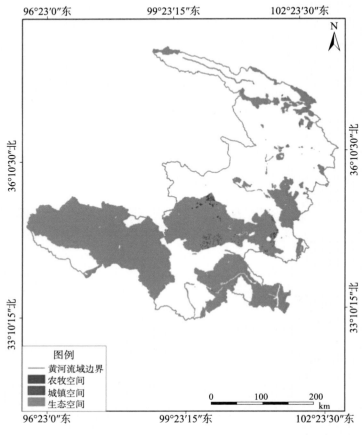

图 3-14 "三线一单"中生态保护红线内"三区"空间分布图

③生态空间内"三区"分布情况。

"三线一单"中生态空间范围总面积为 65 989.54 km²，经过叠加分析，其中空间规划中的生态空间占总面积的 44.09%，农业空间占总面积的 54.76%，城镇空间占总面积的 1.15%，面积统计见表 3-8。具体来说，"三线一单"中的生态空间内城镇空间分布的有 34 个县（区、市），面积最大的分别为西宁市湟中区、城东区、城北区、城中区和贵南县、玛沁县、互助县，主要分布于河湟地区；"三线一单"中的生态空间内农业空间分布面积大，36 个县（区、市）内均有分布，面积最大的分别为达日县、贵南县、玛沁县和兴海县。具体见表 3-9 和图 3-15。

表 3-8  生态空间内 "三区" 面积统计

| 空间 | 斑块数 | 面积 /km² | 占总面积比 /% |
|---|---|---|---|
| 城镇空间 | 156 | 755.89 | 1.15 |
| 农业空间 | 356 | 36 139.54 | 54.76 |
| 生态空间 | 391 | 29 094.10 | 44.09 |
| 合计 | 903 | 65 989.54 | 100.00 |

表 3-9  生态空间内各县（区、市）城镇和农业空间分布统计

单位：km²

| 县（区） | 生态空间内城镇空间面积 | 生态空间内农业空间面积 |
|---|---|---|
| 城东区 | 70.47 | 0.48 |
| 城中区 | 39.56 | 18.47 |
| 城西区 | 33.20 | 0.01 |
| 城北区 | 57.80 | 1.26 |
| 大通县 | 8.79 | 199.45 |
| 湟中区 | 92.73 | 235.91 |
| 湟源县 | 26.36 | 753.25 |
| 乐都区 | 11.16 | 415.56 |
| 平安区 | 19.06 | 150.62 |
| 民和县 | 17.17 | 311.68 |
| 互助县 | 37.78 | 381.26 |
| 化隆县 | 17.14 | 1 112.34 |
| 循化县 | 6.42 | 423.62 |
| 门源县 | 28.89 | 555.29 |
| 祁连县 | 3.77 | 1 757.39 |
| 海晏县 | 33.08 | 1 182.58 |
| 刚察县 | 5.93 | 1 496.05 |
| 同仁市 | 11.19 | 257.07 |

| 县（区） | 生态空间内城镇空间面积 | 生态空间内农业空间面积 |
|---|---|---|
| 尖扎县 | 8.18 | 669.91 |
| 泽库县 | 18.33 | 2 135.33 |
| 河南县 | 20.47 | 526.89 |
| 共和县 | 2.04 | 798.12 |
| 同德县 | 20.77 | 1 589.48 |
| 贵德县 | 9.88 | 1 361.41 |
| 兴海县 | 12.61 | 3 289.74 |
| 贵南县 | 40.70 | 4 109.14 |
| 玛沁县 | 35.90 | 3 414.00 |
| 班玛县 | — | 2.15 |
| 甘德县 | 12.88 | 1 486.74 |
| 达日县 | 9.34 | 4 788.74 |
| 久治县 | 8.54 | 370.12 |
| 玛多县 | 2.86 | 639.98 |
| 称多县 | 0.19 | 712.98 |
| 曲麻莱县 | 0.002 | 29.29 |
| 都兰县 | — | 1.71 |
| 天峻县 | 32.68 | 961.52 |
| 合计 | 755.89 | 36 139.54 |

（2）重点管控单元与"三区"叠加结果分析

①重点管控单元内"三区"分布情况。

"三线一单"中重点管控单元范围总面积为 5 960.69 km$^2$，经过叠加分析，其中空间规划中的农业空间占总面积的 60.34%，生态空间占总面积的 21.09%，城镇空间面积占总面积的 18.57%，面积统计见表 3-10。

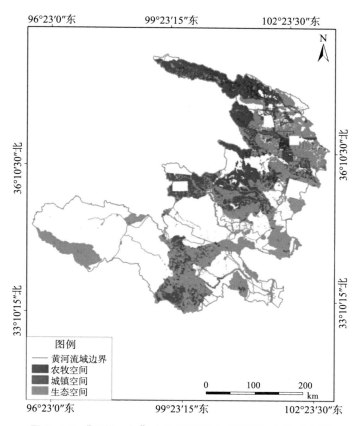

图 3-15 "三线一单"中生态空间内"三区"空间分布图

表 3-10 重点管控单元内"三区"面积统计

| 空间 | 面积 /km$^2$ | 占总面积比 /% |
|---|---|---|
| 城镇空间 | 1 106.93 | 18.57 |
| 农业空间 | 3 596.57 | 60.34 |
| 生态空间 | 1 257.18 | 21.09 |
| 合计 | 5 960.69 | 100.00 |

②"三线一单"重点管控单元中城镇空间内"三区"分布。

"三线一单"重点管控单元中城镇空间范围总面积为 940.45 km$^2$，经过叠加分析，其中空间规划中的城镇空间占总面积的 87.52%，生态空间占总面积的 4.32%，农业空间占总面积的 8.16%，面积统计见表 3-11。具体来说，"三线一单"中的城镇空间分布 87.52% 的范围与空间规划中的城镇空间一致，12.48% 的范围为空间规划中的生态空间和农业空间。其中，空间规划中的生态空间分布的有 28 个县（区、市），面积最大的分别为门源县、湟中区和互助县；空间规划中的农业空间在 29 个县（区、市）内有分布，面积最大的分别为门源县、湟中区、贵德县和玛沁县。具体见表 3-12 和图 3-16。

表 3-11    "三线一单"中城镇空间内"三区"面积统计

| 空间 | 斑块数 | 面积 /km² | 占总面积比 /% |
|---|---|---|---|
| 城镇空间 | 65 | 823.05 | 87.52 |
| 农业空间 | 69 | 76.73 | 8.16 |
| 生态空间 | 56 | 40.67 | 4.32 |
| 合计 | 190 | 940.45 | 100.00 |

表 3-12    城镇空间内各县（区、市）生态和农业空间分布统计

单位：km²

| 县（区）名称 | 生态空间面积 | 农业空间面积 |
|---|---|---|
| 城东区 | 0.002 0 | 0.000 6 |
| 城中区 | 0.457 9 | 0.075 5 |
| 城西区 | — | 0.000 03 |
| 城北区 | 0.000 1 | — |
| 大通县 | 0.141 2 | 0.346 9 |
| 湟中区 | 4.865 0 | 17.664 9 |
| 湟源县 | 0.284 4 | 0.353 5 |
| 乐都区 | 0.658 0 | 0.613 9 |
| 平安区 | 0.752 3 | 0.220 3 |

续表

| 县（区）名称 | 生态空间面积 | 农业空间面积 |
|---|---|---|
| 民和县 | 1.060 0 | 4.841 6 |
| 互助县 | 3.283 3 | 0.472 2 |
| 化隆县 | 1.355 4 | 2.655 2 |
| 循化县 | 0.032 5 | 0.133 0 |
| 门源县 | 14.915 4 | 20.249 2 |
| 祁连县 | 3.709 3 | 3.896 0 |
| 海晏县 | 0.827 0 | 0.837 4 |
| 刚察县 | 0.005 9 | 1.967 4 |
| 同仁市 | 1.383 1 | 1.783 2 |
| 尖扎县 | 0.030 1 | 0.106 3 |
| 泽库县 | 0.266 6 | 0.592 8 |
| 河南县 | 0.677 3 | 0.058 9 |
| 共和县 | 0.013 8 | 0.623 1 |
| 同德县 | 1.396 7 | 1.863 5 |
| 贵德县 | 2.841 0 | 10.097 2 |
| 兴海县 | — | 0.025 8 |
| 贵南县 | 0.028 1 | 0.214 5 |
| 玛沁县 | 1.010 0 | 6.835 7 |
| 甘德县 | 0.234 8 | 0.157 9 |
| 达日县 | 0.143 4 | 0.017 4 |
| 久治县 | — | 0.026 6 |
| 玛多县 | 0.300 3 | — |
| 合计 | 40.674 5 | 76.730 3 |

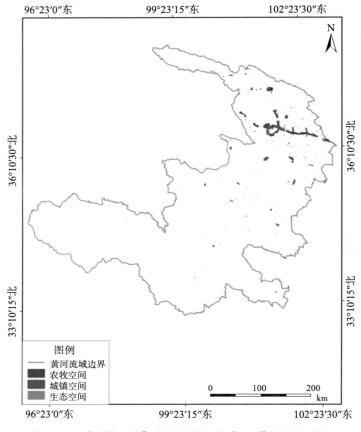

图 3-16 "三线一单"中城镇空间内 "三区" 空间分布图

③ "三线一单" 重点管控单元中重点矿区内 "三区" 分布。

"三线一单" 重点管控单元中矿区范围总面积为 4 930.54 km²，经过叠加分析，矿区主要分布于空间规划中的农业空间，占总面积的 71.26%，另外，空间规划中的城镇空间和农业空间生态空间分别占总面积的 4.13% 和 24.61%，面积统计见表 3-13。具体来说，"三线一单" 中的矿区在空间规划中的生态空间分布的有 15 个县（区、市），面积最大的分别为同仁市、大通县和循化县；空间规划中的农业空间分布的有 16 个县（区、市），面积最大的分别为兴海县、同仁市、贵德县和乐都区；空间规划中的城镇空间在 13 个县（区、市）内有分布，面积最大的分别为大通县、兴海县和同仁市。具体见表 3-14 和图 3-17。

表 3-13 矿区内"三区"面积统计

| 空间 | 斑块数 | 面积 /km² | 占总面积比 /% |
|---|---|---|---|
| 城镇空间 | 21 | 203.46 | 4.13 |
| 农业空间 | 43 | 3 513.46 | 71.26 |
| 生态空间 | 30 | 1 213.62 | 24.61 |
| 合计 | 94 | 4 930.54 | 100.00 |

表 3-14 矿区内各县（区、市）"三区"空间分布统计 单位：km²

| 县区名称 | 城镇空间面积 | 农业空间面积 | 生态空间面积 |
|---|---|---|---|
| 大通县 | 68.798 | 181.136 | 161.795 |
| 湟中区 | 7.289 | 61.174 | 33.211 |
| 乐都区 | 15.938 | 265.020 | 64.955 |
| 平安区 | 11.878 | 48.592 | 11.371 |
| 互助县 | 0.411 | 23.653 | 3.672 |
| 循化县 | 0.371 | 34.443 | 133.764 |
| 刚察县 | 0.005 | 0.241 | — |
| 同仁市 | 39.849 | 408.875 | 738.593 |
| 尖扎县 | 0.001 | 0.857 | 0.024 |
| 共和县 | 50.673 | 162.911 | 10.078 |
| 贵德县 | 6.419 | 367.240 | 24.344 |
| 兴海县 | 1.451 | 1804.471 | 29.428 |
| 贵南县 | 0.375 | 120.900 | 2.035 |
| 玛多县 | — | 20.673 | 0.294 |
| 都兰县 | — | 2.809 | 0.010 |
| 天峻县 | — | 10.465 | 0.048 |
| 合计 | 203.459 | 3513.460 | 1 213.620 |

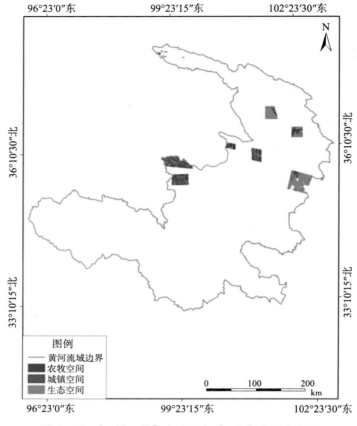

图 3-17 "三线一单"中矿区内"三区"空间分布图

④"三线一单"重点管控单元中工业园区内"三区"分布。

"三线一单"重点管控单元中工业园区范围总面积为 89.694 km²，经过叠加分析，工业园区主要分布于空间规划中的城镇空间，占总面积的89.67%，另外，空间规划中的生态空间和农业空间生态空间分别占总面积的 3.22% 和 7.11%，面积统计见表 3-15。具体来说，"三线一单"中的工业园区在空间规划中的生态空间和农业空间分布的有 8 个县（区），面积最大的分别为互助县、大通县和湟中区。具体见表 3-16 和图 3-18。

表 3-15　工业园区内"三区"面积统计

| 空间 | 斑块数 | 面积 /km² | 占总面积比 /% |
|---|---|---|---|
| 城镇空间 | 18 | 80.425 | 89.67 |
| 农业空间 | 18 | 6.379 | 7.11 |
| 生态空间 | 14 | 2.890 | 3.22 |
| 合计 | 50 | 89.694 | 100.00 |

表 3-16　工业园区内各县（区、市）"三区"空间分布统计

单位：km²

| 县区名称 | 农业空间 | 生态空间 |
|---|---|---|
| 城中区 | 0.000 13 | 0.007 00 |
| 城北区 | 0.000 04 | 0.000 92 |
| 大通县 | 1.923 57 | 0.837 70 |
| 湟中区 | 1.138 93 | 0.263 14 |
| 乐都区 | 0.011 54 | 0.000 10 |
| 平安区 | 0.012 39 | 0.030 59 |
| 民和县 | 0.028 80 | 0.022 39 |
| 互助县 | 3.263 94 | 1.727 74 |
| 合计 | 6.379 32 | 2.889 58 |

工业园区内城镇空间面积最大的分布在西宁市湟中区，农业空间面积最大的分布在乐都区，生态空间面积最大的分布在大通县。

（3）一般管控单元与"三区"叠加结果分析

①一般管控单元内"三区"分布情况。

"三线一单"中一般管控单元范围总面积为 13 616.49 km²，经过叠加分析，其中空间规划中的农业空间占总面积的 72.99%，生态空间占总面积的 20.61%，城镇空间面积占总面积的 6.4%，面积统计见表 3-17。

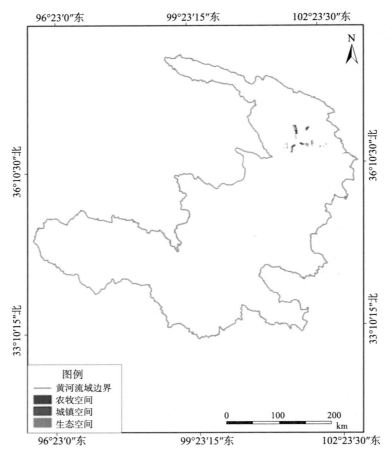

图 3-18 "三线一单"中工业园区内"三区"空间分布图

表 3-17 一般管控单元内"三区"面积统计

| 空间 | 面积 /km² | 占总面积比 /% |
|------|-----------|---------------|
| 城镇空间 | 871.11 | 6.40 |
| 农业空间 | 9 939.19 | 72.99 |
| 生态空间 | 2 806.18 | 20.61 |
| 合计 | 13 616.49 | 100.00 |

② "三线一单"一般管控单元中基本农田内"三区"分布。

"三线一单"一般管控单元中基本农田范围面积为 3 275.37 km²，经过叠加分析，其中空间规划中的农业空间占总面积的 85.21%，生态空间占总面积的 9.28%，城镇空间占总面积的 5.51%，面积统计见表 3-18。具体来说，"三线一单"中的基本农田分布 85.21% 的范围与空间规划中的农业空间一致，14.79% 的范围为空间规划中的生态空间和城镇空间。其中，空间规划中的生态空间分布的有 20 个县（区、市），面积最大的分别为互助县、大通县、湟中区、民和县和乐都区；空间规划中的城镇空间在 21 个县（区、市）内有分布，面积最大的分别为互助县、湟中区、民和县和大通县。具体见表 3-19 和图 3-19。

表 3-18　基本农田内"三区"面积统计

| 空间 | 斑块数 | 面积 /km² | 百分比 /% |
|---|---|---|---|
| 城镇空间 | 44 | 180.52 | 5.51 |
| 农业空间 | 108 | 2 790.99 | 85.21 |
| 生态空间 | 83 | 303.86 | 9.28 |
| 合计 | 235 | 3 275.37 | 100.00 |

表 3-19　基本农田内各县（区、市）"三区"空间分布统计

单位：km²

| 县（区）名称 | 城镇空间面积 | 生态空间面积 |
|---|---|---|
| 城东区 | 0.03 | — |
| 城中区 | 2.21 | 4.30 |
| 城北区 | 0.49 | 0.002 |
| 大通县 | 14.64 | 52.74 |
| 湟中区 | 30.17 | 43.87 |
| 湟源县 | 7.35 | 8.52 |
| 乐都区 | 10.91 | 19.88 |
| 平安区 | 2.07 | 6.33 |
| 民和县 | 25.06 | 37.42 |
| 互助县 | 49.90 | 66.00 |
| 化隆县 | 9.82 | 20.18 |
| 循化县 | 5.41 | 4.46 |
| 门源县 | 7.33 | 12.64 |

续表

| 县（区）名称 | 城镇空间面积 | 生态空间面积 |
|:---:|:---:|:---:|
| 海晏县 | 0.46 | 1.17 |
| 尖扎县 | 3.65 | 5.95 |
| 泽库县 | 0.10 | 0.04 |
| 共和县 | 1.57 | 1.36 |
| 同德县 | 0.85 | 3.11 |
| 贵德县 | 6.26 | 12.06 |
| 兴海县 | 0.50 | 0.68 |
| 贵南县 | 1.74 | 3.13 |
| 合计 | 180.52 | 303.86 |

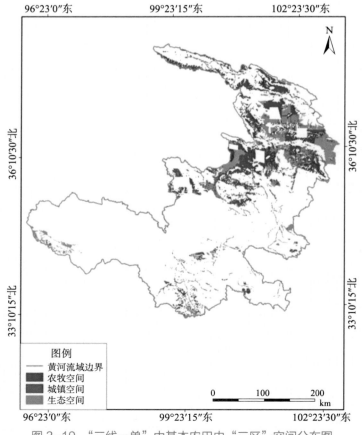

图 3-19 "三线一单"中基本农田内"三区"空间分布图

③ "三线一单"一般管控单元中一般管控区域内"三区"分布。

"三线一单"一般管控单元中一般管控区域范围面积为 10 341.12 km²，经过叠加分析，其中空间规划中的农业空间占总面积的 69.12%，生态空间占总面积的 24.20%，城镇空间占总面积的 6.68%，面积统计见表 3-20。具体来说，"三线一单"中的一般管控区域分布 69.12% 的范围与空间规划中的农业空间一致，30.88% 的范围为空间规划中的生态空间和城镇空间。其中，空间规划中的生态空间分布的有 36 个县（区、市），面积最大的分别为共和县、贵南县、贵德县、大通县和乐都区；空间规划中的城镇空间在 31 个县（区、市）内有分布，面积最大的分别为互助县、湟中区、民和县和共和县。具体见表 3-21 和图 3-20。

表 3-20　一般管控区域内"三区"面积统计

| 空间 | 斑块数 | 面积 /km² | 占比 /% |
|---|---|---|---|
| 城镇空间 | 82 | 690.59 | 6.68 |
| 农业空间 | 222 | 7 148.20 | 69.12 |
| 生态空间 | 201 | 2 502.32 | 24.20 |
| 合计 | 505 | 10 341.12 | 100.00 |

表 3-21　一般管控区域内各县（区、市）"三区"空间分布统计

单位：km²

| 县（区）名称 | 城镇空间 | 农业空间 | 生态空间 |
|---|---|---|---|
| 城东区 | 7.01 | 0.01 | 0.04 |
| 城中区 | 6.22 | 5.64 | 5.16 |
| 城西区 | 0.33 | — | — |
| 城北区 | 5.26 | 0.15 | 0.11 |
| 大通县 | 39.19 | 123.41 | 116.73 |
| 湟中区 | 77.10 | 198.08 | 78.97 |
| 湟源县 | 21.22 | 137.88 | 26.39 |
| 乐都区 | 23.38 | 358.00 | 100.47 |
| 平安区 | 15.33 | 60.79 | 21.59 |

续表

| 县（区）名称 | 城镇空间 | 农业空间 | 生态空间 |
|---|---|---|---|
| 民和县 | 57.40 | 553.10 | 113.85 |
| 互助县 | 103.33 | 251.82 | 103.41 |
| 化隆县 | 80.81 | 497.91 | 72.84 |
| 循化县 | 51.41 | 232.29 | 30.46 |
| 门源县 | 43.67 | 415.82 | 188.50 |
| 祁连县 | 1.57 | 182.11 | 39.78 |
| 海晏县 | 5.44 | 131.50 | 16.40 |
| 刚察县 | — | 211.65 | 6.03 |
| 同仁市 | 4.15 | 22.83 | 12.44 |
| 尖扎县 | 18.82 | 126.61 | 36.79 |
| 泽库县 | 5.39 | 57.46 | 6.49 |
| 河南县 | 1.22 | 46.34 | 134.39 |
| 共和县 | 52.82 | 510.28 | 537.14 |
| 同德县 | 11.83 | 241.07 | 19.85 |
| 贵德县 | 24.60 | 907.47 | 264.23 |
| 兴海县 | 10.67 | 497.09 | 40.40 |
| 贵南县 | 20.91 | 962.96 | 340.26 |
| 玛沁县 | 0.32 | 14.99 | 43.66 |
| 班玛县 | — | 0.000 3 | 0.001 |
| 甘德县 | 0.21 | 69.37 | 20.42 |
| 达日县 | 0.64 | 83.04 | 43.02 |
| 久治县 | 0.36 | 59.74 | 8.60 |
| 玛多县 | — | 17.35 | 1.81 |
| 称多县 | — | 38.93 | 57.66 |
| 曲麻莱县 | — | 14.25 | 14.29 |
| 都兰县 | — | 4.30 | 0.05 |
| 天峻县 | 0.004 | 113.92 | 0.06 |
| 合计 | 690.59 | 7 148.20 | 2 502.32 |

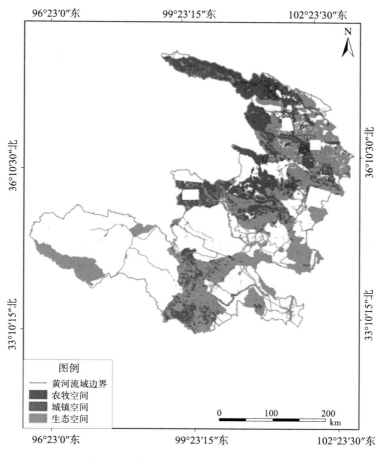

图 3-20 "三线一单" 中一般管控区域内 "三区" 空间分布图

（4）"三区" 中三类管控单元分析

①城镇空间中三类管控单元分布情况。

空间规划中城镇空间的总面积为 2 754.09 km²，经过叠加分析，其中优先管控单元占总面积的 28.18%，重点管控单元占总面积的 40.19%，一般管控单元占总面积的 31.63%，面积统计见表 3-22，城镇空间中三类管控单元分布见图 3-21。

表 3-22　城镇空间中三类管控单元面积统计

| 管控单元 | | 面积 /km² | 占总面积比 /% | 合计 | 占总面积比 /% |
|---|---|---|---|---|---|
| 优先管控单元 | 生态保护红线 | 20.15 | 0.73 | 776.04 | 28.18 |
| | 生态空间 | 755.90 | 27.45 | | |
| 重点管控单元 | 城镇空间 | 823.05 | 29.88 | 1 106.93 | 40.19 |
| | 重点矿区 | 203.46 | 7.39 | | |
| | 工业园区 | 80.43 | 2.92 | | |
| 一般管控单元 | 基本农田 | 180.52 | 6.55 | 871.11 | 31.63 |
| | 一般管控区 | 690.59 | 25.08 | | |
| 合计 | | 2 754.09 | 100.00 | 2 754.09 | 100.00 |

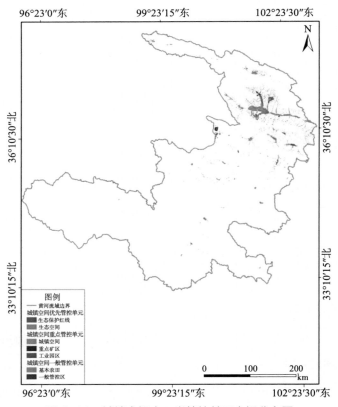

图 3-21　城镇空间中三类管控单元空间分布图

②农业空间中三类管控单元分布情况。

空间规划中农业空间的总面积为 49 753.47 km²，经过叠加分析，其中优先管控单元占总面积的 72.79%，重点管控单元占总面积的 7.23%，一般管控单元占总面积的 19.98%，面积统计见表 3-23，农业空间中三类管控单元分布见图 3-22。

表 3-23　农业空间中三类管控单元面积统计

| 管控单元 | | 面积 /km² | 占总面积比 /% | 合计 | 占总面积比 /% |
|---|---|---|---|---|---|
| 优先管控单元 | 生态保护红线 | 78.16 | 0.16 | 36 217.70 | 72.79 |
| | 生态空间 | 36 139.54 | 72.64 | | |
| 重点管控单元 | 城镇空间 | 76.73 | 0.15 | 3 596.57 | 7.23 |
| | 重点矿区 | 3 513.46 | 7.06 | | |
| | 工业园区 | 6.38 | 0.01 | | |
| 一般管控单元 | 基本农田 | 2 790.99 | 5.61 | 9 939.20 | 19.98 |
| | 一般管控区 | 7 148.20 | 14.37 | | |
| 合计 | | 49 753.47 | 100.00 | 49 753.47 | 100.00 |

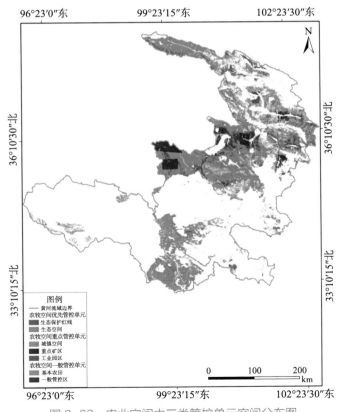

图 3-22　农业空间中三类管控单元空间分布图

③生态空间中三类管控单元分布情况。

空间规划中生态空间的总面积为 98 559.74 km²，经过叠加分析，其中优先管控单元占总面积的 95.88%，重点管控单元占总面积的 1.28%，一般管控单元占总面积的 2.85%，面积统计见表 3-24，生态空间中三类管控单元分布见图 3-23。

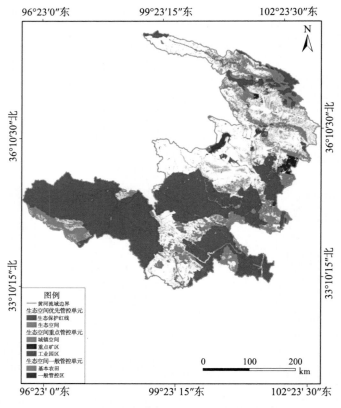

图 3-23　生态空间中三类管控单元空间分布图

表 3-24 生态空间中三类管控单元面积统计

| 管控单元 | | 面积 /km² | 占总面积比 /% | 合计 | 占总面积比 /% |
|---|---|---|---|---|---|
| 优先管控单元 | 生态保护红线 | 65 402.27 | 66.36 | 94 496.37 | 95.88 |
| | 生态空间 | 29 094.10 | 29.52 | | |
| 重点管控单元 | 城镇空间 | 40.67 | 0.04 | 1 257.18 | 1.28 |
| | 重点矿区 | 1 213.62 | 1.23 | | |
| | 工业园区 | 2.89 | 0.00 | | |
| 一般管控单元 | 基本农田 | 303.86 | 0.31 | 2 806.18 | 2.85 |
| | 一般管控区 | 2 502.32 | 2.54 | | |
| 合计 | | 98 559.74 | 100.00 | 98 559.74 | 100.00 |

（5）"三区"与"三线一单"叠加汇总分析

由表 3-25 可知，"三区"内城镇空间总面积为 2 754.09 km²，其中有 823.05 km² 与"三线一单"中的城镇空间重合；城镇空间内生态保护红线、生态空间、重点矿区、工业园区、基本农田和一般管控区的面积分别为 20.15 km²、755.89 km²、203.46 km²、80.43 km²、180.52 km²、690.59 km²。

"三区"内农业空间总面积为 49 753.47 km²，其中生态保护红线、生态空间、城镇空间、重点矿区、工业园区、基本农田和一般管控区的面积分别为 78.16 km²、36 139.54 km²、76.73 km²、3 513.46 km²、6.38 km²、2 790.99 km²、7 148.20 km²。

"三区"内生态空间总面积为 98 559.74km²，其中有 29 094.10 km² 与"三线一单"中的生态空间重合；生态空间内生态保护红线、城镇空间、重点矿区、工业园区、基本农田和一般管控区的面积分别为 65 402.27 km²、40.67 km²、1 213.62 km²、2.89 km²、303.86 km²、2 502.32 km²。"三区"中三类管控单元分布情况见图 3-24。

表 3-25 "三区"与"三线一单"叠加矩阵分析面积统计

| | | "三线一单"面积 /km² | | | | | | | |
|---|---|---|---|---|---|---|---|---|---|
| | | 优先管控单元 | | 重点管控单元 | | | 一般管控单元 | | 总计 |
| | | 生态保护红线 | 生态空间 | 城镇空间 | 重点矿区 | 工业园区 | 基本农田 | 一般管控区 | |
| "三区"面积 / km² | 城镇空间 | 20.15 | 755.89 | 823.05 | 203.46 | 80.43 | 180.52 | 690.59 | 2 754.09 |
| | 农业空间 | 78.16 | 36 139.54 | 76.73 | 3 513.46 | 6.38 | 2 790.99 | 7 148.20 | 49 753.47 |
| | 生态空间 | 65 402.27 | 29 094.10 | 40.67 | 1 213.62 | 2.89 | 303.86 | 2 502.32 | 98 559.74 |
| | 总计 | 65 500.58 | 65 989.54 | 940.45 | 4 930.54 | 89.69 | 3 275.37 | 10 341.12 | 151 067.30 |

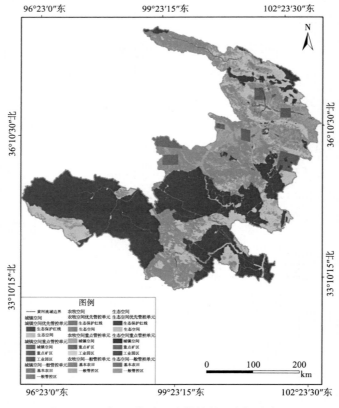

图 3-24 "三区"中三类管控单元空间分布图

### 3.3.3 "三区"与"三线一单"空间关系叠加问题分析

通过国土规划"三区"和生态环境"三线"的空间叠加分析发现，国土空间的"三区"和以"三线"为基础的生态环境管控单元在空间上是存在差别的，主要问题有以下几个方面。

（1）生态空间与优先管控单元不匹配

生态空间包括生态保护红线与一般生态空间，优先管控单元包括生态保护红线、其他生态空间、大气优先保护区、水环境优先保护区，但结果分析发现国土空间规划生态空间面积比"三线一单"优先保护单元面积小 25% 左右。国土空间规划生态空间面积为 98 559.74 km²，而"三线一单"优先保护单元面积为 131 490.12 km²。其中，"三线一单"的生态保护红线面积比国土空间规划生态保护红线面积大。"三线一单"的生态保护红线涵盖国土空间规划的生态空间（生态保护红线和一般生态空间）、城镇空间和农业空间，面积占比分别为 99.85%、0.03% 和 0.12%。"三线一单"中一般生态空间范围总面积为 65 991.68 km²，涵盖国土空间规划中的生态空间、城镇空间和农业空间，面积占比分别为 44.09%、1.15% 和 54.76%。

（2）城镇空间与重点管控单元不匹配

城镇空间包括城镇开发边界以内所有土地及网络化空间组织，重点管控单元包括城镇空间、工业空间和矿区，但结果分析发现国土空间规划城镇空间面积比"三线一单"重点管控单元面积小 53.8%。国土空间规划城镇空间总面积为 2 754.09 km²，而"三线一单"重点管控单元范围总面积为 5 960.69 km²。

（3）农业空间与一般管控单元不匹配

农业空间包含永久基本农田、一般耕地、耕地后备资源潜力区、基本草原或承包草场、人工牧草地、人工商品林、园地、农村居民点、农田水利设施用地以及田间道路和其他一切农业生产性建筑物占用的土地等，为城镇空间和生态空间以外的所有区域，一般管控单元为优先管控单元和重点管控单元外的其他区域，包括永久基本农田，但结果分析发现国土空间规划农业空间面积比"三线一单"一般管控单元面积大265.4%。国土空间规划农业空间总面积为49 753.47 km²，而一般管控单元范围总面积为13 616.49 km²。

# 3.4 流域"三线一单""三区三线"管控内容融合分析

## 3.4.1 "三区三线"管控要求分析

（1）生态保护红线与生态空间管控

①生态保护红线管控。

生态保护红线按照自然保护地的核心区和一般控制区实行差别化的管控。自然保护地之外的生态保护红线按照一般控制区进行管控。核心保护区除满足国家特殊战略需要的有关活动外，原则上禁止人为活动，允许当地居民从事正常的生产生活等活动。一般控制区除满足国家特殊战略需要的有关活动外，原则上禁止开发性、生产性建设活动。仅允许对生态功能不造成破坏的有限人为活动。

②加强生态空间管控。

强化生态空间分级分类管控。坚持生态优先、区域统筹、分级分类、协同共治的原则，生态保护红线范围内严格按照禁止开发区原则进行管控，生态保护红线外的一般生态空间，原则上按限制开发区域的要求进行管理。按照生态空间用途分区，依法制定区域准入条件，明确允许、限制、禁止的产业和项目类型清单，根据空间规划确定的开发强度，提出城乡建设、工农业生产、矿产开发、旅游康体等活动的规模、强度、布局和环境保护等方面的要求，并予以公布。

实行区域准入和用途转用许可制度。对生态空间依法实行区域准入和用途转用许可制度，严格控制各类开发利用活动对生态空间的占用和扰动，确保依法保护的生态空间面积不减少，生态功能不降低，生态服务保障能力逐渐提高。从严控制生态空间转为城镇空间和农业空间，禁止生态保护红线内空间违法转为城镇空间和农业空间。加强对农业空间转为生态空间的监督管理，未经国务院批准，禁止将永久基本农田转为城镇空间。鼓励城镇空间和符合国家生态退耕条件的农业空间转为生态空间。有序引导生态空间用途之间的相互转变，鼓励向有利于生态功能提升的方向转变，严格禁止不符合生态保护要求或有损生态功能的相互转换。

严格生态空间用途管制。严格控制新增建设占用一般生态空间。符合区域准入条件的建设项目，涉及占用生态空间中的林地、草原等，按有关法律法规规定办理；涉及占用生态空间中其他未作明确规定的用地，应当加强论证和管理。鼓励根据生态保护需要和规划，结合土地综合整治、工矿废弃地复垦利用、矿山环境恢复治理等各类工程实施，因地制宜促进生态空间内建设用地逐步有序退出。禁止农业开发占用生态保护红线内的生态空间，生态保护红线内已有的农业用地，建立逐步退出机制，恢复生态用途。严格限制农业开发占用生态保护红线外的生态空间，符合条件的农业开发项目，须依法由市县级及以上地方人民政府统筹安排。生态保护红线外的耕地，除符合国家生态退耕条件，并纳入国家生态退耕总体安排，或因国家重大生态工程建设需要外，不得随意转用。

③自然保护地管控。

强化自然保护地分级分类管护。按照生态系统自然性、稳定性和可持续性状态，实施差异化管控，合理确定核心保护区、一般控制区，并按照主导功能的明显差异划分为不同类型的功能区。国家公园、自然保护区可划分为核心保护区、一般控制区，自然公园按一般控制区划定。具体管控规则参照相关技术指南执行。

核心保护区管控。除满足国家特殊战略需要的有关活动外，原则上禁止人为活动。但允许开展以下活动：管护巡护、保护执法等管理活动，经批准的科学研究、资源调查以及必要的科研监测保护和防灾减灾救灾、应急抢险救援等；因病虫害、外来物种入侵、维持主要保护对象生存环境等特殊情况，经批准，可以开展重要生态修复工程、物种重引入、增殖放流、病害动植物清理等人工干预措施；根据保护对象不同实行差别化管控措施；暂时不能搬迁的原住居民，可以有过渡期。过渡期内在不扩大现有建设用地和耕地规模的情况下，允许修缮生产生活以及供水设施，保留生活必需的少量种植、放牧、捕捞、养殖等活动；已有合法线性基础设施和供水等涉及民生的基础设施的运行和维护，以及经批准采取隧道或桥梁等方式（地面或水面无修筑设施）穿越或跨越的线性基础设施，必要的河势控制、河道整治等活动；已依法设立的油气探矿权勘查活动；已依法设立的矿泉水、地热采矿权不扩大生产规模、不新增生产设施，到期后有序退出；其他矿业权停止勘查开采活动。

一般控制区管控。除满足国家特殊战略需要的有关活动外，原则上禁止开发性、生产性建设活动。仅允许以下对生态功能不造成破坏的有限人为活动：核心保护区允许开展的活动；零星的原住居民在不扩大现有建设用地和耕地规模的前提下，允许修缮生产生活设施，保留生活必需的种植、放牧、捕捞、养殖等活动；自然资源、生态环境监测和执法，包括水文水资源监测和涉水违法事件的查处等，灾害风险监测、灾害防治活动；经依法批准的非破坏性科学研究观测、标本采集；经依法批准的考古调查发掘和文物保护活动；适度的参观旅游及相关的必要公共设施建设；必须且无法避让、符合县级以上国土空间规划的线性基础设施建设、防洪和供水设施建设与运行维护；已有的合法水利、交通运输等设施运行和维护；战略性矿产资源基础地质调查和矿产远景调查等公益性工作；已依法设立的油气采矿权在不扩大生产区域范围，以及矿泉水、地热采矿权在不扩大生产规模、不新增生产设施的条件下，继续开采活动；其他矿业权停止勘查开采活动；确实难以避让的军事设施建设项目及重大军事演训活动。

（2）永久基本农田和农业空间管控

①永久基本农田管控。

严格执行永久基本农田特殊保护制度，强化永久基本农田对各类建设布局的约束作用，从严管控非农建设占用永久基本农田，永久基本农田一经划定，任何单位和个人不得擅自占用或改变用途，重大建设项目确实难以避让永久基本农田的，严格占用和补划审查论证，确保永久基本农田保护数量不减、质量提升、布局稳定。统筹生态建设和永久基本农田保护，妥善处理好生态退耕。大力推进永久基本农田质量建设，优先在永久基本农田保护区和储备区开展国土综合整治、高标准农田建设，推动土地整治工程技术创新和应用。深度贫困地区、集中连片特困地区、国家扶贫开发重点县省级以下基础设施、异地扶贫搬迁、民生发展等建设项目，确实难以避让永久基本农田的，可以纳入重大建设项目范围，依法依规办理用地手续。

②加强农业空间管控。

农业生产区管控。严格控制耕地转为非耕地，实行占用耕地补偿制度，确保耕地数量不减少，质量不降低。严格限制与农业生产生活无关的建设活动，鼓励开展土地整治。禁止任何单位和个人闲置、荒芜耕地。禁止占用耕地建窑、建坟或者擅自在耕地上建房、挖砂、采石、采矿、取土等。设施农用地可以使用一般耕地，不需落实占补平衡，但生产结束后，经营者应按相关规定进行土地复垦。鼓励生态畜牧业合作社按照地方标准建设划区围栏、畜棚圈等基础设施。对因生产建设活动或自然灾害造成储备区内耕地严重损毁破坏，不能满足永久基本农田补划要求的，要及时调出，确保储备区耕地质量不降低。对因补划永久基本农田导致储备区耕地减少的，及时补充储备区耕地，确保数量不减少。

牧业发展区管控。牧业发展区禁止开垦草原，不得擅自改变草原用途；确须征收、征用或者使用草原的，对草原的征占用面积控制在最小合理使用限度内，且应当在规定的时间、区域内，按照准许的采挖方式作业，并采取保护草原植被的措施；不得在临时占用的草原上修建永久性建筑物、构筑物；占用期满，用地单位必须恢复草原植被并及时退还；严格实行草畜平衡制度。对水土流失严重、有沙化趋势、需要改善生态环境的已垦草原，应当有计划、有步骤地退耕还草；已造成沙化、盐碱化、石漠化的，实行禁牧、休牧制度，限期治理。可开展以生态体验为主的生态旅游，限定日客流量及旅游设施的建设，不得侵犯草原所有者、使用者和承包经营者的合法权益，不得破坏草原植被。

健全牧草地保护体系。建立禁牧、休牧、轮牧及草蓄平衡制度，实行差别化的禁牧补助和草蓄平衡奖励政策。积极引导鼓励牧民采取有效措施控制草原载畜量，建立草原合理利用的长效机制。紧紧依托地方牧草业发展试验区建设、生态畜牧业项目等，通过实施季节性休牧、划区轮牧，扩大饲草料种植规模，大力发展饲草料产业，提高规模化养殖比重，促进天然草原放牧向舍饲、半舍饲方向转变，逐步探索实现养种结合、草畜联动、循环发展的模式。借助有计划的草原奖补机制，以利益互补方式实现农业民增收和保护草原生态的共建共赢。划定禁牧区、草畜平衡区等草原生态补奖区，实施牧草良种补贴、生态奖补、禁牧补助。将草畜平衡区减畜任务分解到县、乡、村和牧户，层层签订草畜平衡及减畜责任书。扩大退牧还草工程实施范围，适时研究提高补助标准，逐步加大对人工饲草地和牲畜棚圈建设的支持力度。设置草原管护公益岗位，实现生态保护和脱贫的双赢。

乡村建设区。应合理安排农村生活用地，重点优化村庄布局，引导区域内部农村居民点集中、集聚发展，自然村逐渐向中心村集聚发展，保留与农业生产紧密关联的农村居民点。进行农村居民点新增规模和规模总量双控，严格控制人均用地指标，优先满足农村公共服务设施建设用地需求。鼓励农村集体经济组织以出租、合作等方式盘活利用空闲农房及宅基地，按照规划要求和用地标准，改造建设民宿民俗、休闲农业、乡村旅游等农业农村体验活动场所。

（3）城镇开发边界与城镇空间管控

①严格城镇开发边界管控。

城镇开发边界内建设，实行"详细规划 + 规划许可"的管制方式，并加强与水体保护线、绿地系统线、基础设施控制线、历史文化保护线等控制线的协同管控。城镇建设和发展不得违法违规侵占河道、湖面、滩地。在城镇开发边界外的建设，按照主导用途分区，实行"详细规划 + 规划许可"和"约束指标＋分区准入"的管制方式，探索清单式管理。城镇开发边界外的村庄建设、独立选址的点状和线性工程项目，应符合有关国土空间规划和管制要求。

②严格控制城乡建设用地规模。

实行城乡建设用地总量控制制度，强化各县城乡建设用地规模刚性约束，确保规划期内各县城乡建设用地不突破上级下达的指标。在确保城乡建设用地总量稳定、新增建设用地规模逐步减少的前提下，逐步增加城乡建设用地增减挂钩、工矿废弃地复垦利用等流量指标，落实"增存挂钩"机制，着力消化批而未供土地和盘活利用闲置土地，统筹保障建设用地供给。建设用地流量供给，主要用于促进存量建设用地的布局优化，推进建设用地在城镇和农村内部、城乡之间合理流动。到 2025 年，城乡建设用地控制在 13.69 万 $hm^2$ 以内。到 2035 年，城乡建设用地控制在 16.62 万 $hm^2$ 以内，城镇开发边界面积确定为 6.86 万 $hm^2$。

③严格控制国土开发强度。

根据各区域资源环境承载能力、国土开发强度及在国土开发格局中的定位，合理配置建设用地指标，实行国土开发强度差别化调控。进一步优化黄河流域空间开发结构，严格控制开发强度和新增建设用地供给，积极盘活存量建设用地，降低工业用地比例。支持西宁、海东等开发强度较高的重点开发区域加快产业发展与人口集聚，促进经济社会发展，在城镇开发边界的约束下着力优化空间结构，稳定建设用地供给，控制国土开发强度。重点保障共和等发展空间潜力大的区域新增建设用地支撑，支持新兴城市建设和绿色产业集聚发展。对限制农产品主产区和重点生态功能区开发强度，鼓励整治修复农业和生态空间。到 2025 年，国土开发强度控制在 1% 以内；到 2035 年，国土空间开发强度控制在 1.2% 以内。

## 3.4.2 "三线一单"管控要求分析

（1）水生态分区管控要求

生态保护红线及一般生态空间应作为优先保护单元，其中生态保护红线原则上按照禁止开发区域的要求进行管理，严禁不符合主体功能定位的各类开发活动，严禁任意改变用途；生态保护红线之外的一般生态空间原则上按照限制开发区域进行管理。功能属性单一、管控要求明确的一般生态空间，按照生态功能属性的既有规定实施管理；具有多重功能属性且均有既有管理要求的一般生态空间，按照管控要求的严格限度，从严管理；尚未明确管理要求的一般生态空间，限制有损生态服务功能的开发建设活动。

河湟地区生态空间面积占区域国土面积的 67.46%，主要生态系统类型为林地、草地、湿地。生态功能定位为青藏高原与黄土高原过渡带，农业区向牧业区的过渡带。保护目标为生态环境综合治理，持续推进林草植被保护和建设，加强水土流失预防和治理，着力改善人居环境，实现区域生态环境逐步好转。

管控要求：做好城镇工矿和农村居民点用地的近期规划和年度用地计划，严格控制建设用地增量，限制建设用地无限扩张，限制区域矿产资源开采，鼓励建设用地使用荒草地、裸土地、盐碱地等未利用地；实施东部地区水土保持、天然林保护、"三北"防护林等生态修复与治理工程；推进黄河、湟水河两岸南北山重点区域造林绿化，加强森林资源保护能力基础设施建设，实现区域生态环境逐步好转。

（2）水环境分区管控要求

①优先保护区。

湟水干支流水系上游流域作为主要的水环境优先保护区，区域现状水质优良，但生态脆弱敏感，须严格空间管控，保护优良水质。

从空间布局约束方面，要加强国家重要水体水生态保护，筑牢国家重要水体水生态安全屏障。依法加强饮用水水源地保护和规范化建设，完成西宁市第四、第五、第六、第七水源和海东市互助县南门峡水库、化隆后沟水库及海西州格尔木河西水源地环境风险整治，开展全省村镇饮用水水源地调查评估和保护区划定工作，对农村集中式饮用水水源地水质实施定期监测，定期向社会公开饮用水安全状况信息。

②重点管控区。

湟水流域是青海省水环境重点管控区区域污染负荷排放集中，剩余水环境容量不足，水质按期达标压力较大，需严格空间管控，改善水环境质量。

在空间布局约束方面，要实行环境容量质量硬约束，强化空间管控，深入推进流域水环境综合治理。对于湟水流域，要在《湟水流域水环境综合治理规划（2016—2025 年）》的基础上，以水定容、以水定产，要建立与环境质量要求相关联的新（改、扩）建项目不同倍量的总量置换削减、排污指标申购等总量控制措施，对新建项目执行最严格排放标准，严控高耗能、高排放和产能过剩行业新上项目。

在污染物排放管控方面，要按照"一河段一策、一支流一策"思路，准确识别流域和控制子单元水环境问题，实行工业、生活、农业面源差别化精细化排放管理。

a. 加强工业源治理力度。加快淘汰严重污染环境的不达标企业，制定实施重点行业限期整治方案，升级改造环保设施，确保稳定达标，对长期超标排放的企业、无治理能力且无治理意愿的企业、达标无望的落后产能和过剩产能依法予以关闭淘汰。大力实施重点行业企业达标排放限期改造工程，制定焦化、氮肥、有色金属、藏毯、农副食品加工、原料药制造、电镀等行业专项治理方案，对废水不能稳定达标排放的工业企业进行全面达标排放改造。加大推进工业园区（工业集聚区）内企业废水预处理设施、园区集中处理设施以及配套管网、在线监控等设施建设力度，加大涉水企业治污设施升级改造力度，提高污染治理水平。

b. 坚持城乡生活污水治理并重。全面加强配套管网建设，加快西宁市现有合流制排水系统雨污分流改造。大力推进城镇生活污水深度治理，提高污水厂脱氮除磷效率。加快推进西宁市、海东市、德令哈市、格尔木市污泥无害化处置工程建设及运行。推进西宁市、海东市城中村和城乡接合部污水截流、收集、纳管，加快雨污分流改造，逐步推进湟水河沿岸、黄河干流以及市州府、县城周边村庄生活污水处理设施建设。

c. 大力控制农牧业面源污染。按时完成黄河谷地和湟水流域畜禽养殖禁养区、限养区的划定，并限期依法关闭或搬迁禁养区内的畜禽养殖场（小区）和养殖专业户，现有规模化畜禽养殖场（小区）配套建设粪便污水贮存、处理、利用设施，鼓励培育养殖业和设施农业的循环发展模式，推进养殖废弃物的资源化利用，到2020年，规模化养殖场、养殖小区配套建设废弃物处理设施比例达到75%以上。在河湟谷地主要农业种植区，推广测土配方技术，到2020年，化肥农药实现减量增效，化肥利用率达到40%以上。积极推进农膜回收及加工再利用，农药、化肥等包装废弃物的安全收集处置设施建设，最大限度地减轻农业面源污染。

在水生态环境风险防控方面，要加强对重点区域和重点源环境风险综合管控。以西宁经济技术开发区、柴达木循环经济试验区、海东工业园区为重点，强化环境风险防控工作，突出全防全控，完善各项环境风险防范制度，加强执法监督，逐步实现对重点工业园区、重点企业和主要环境风险类型的动态监控。

③一般管控区。

青海省水环境一般管控区主要集中在湟水流域，多为景观娱乐用水区、过渡区等，现状水质达标，尚有一定的剩余水环境容量。

在空间布局约束方面，要在合理发展的同时严格水环境保护。要依据控制单元水环境容量定人、定产，合理进行城市空间和产业布局，对新（改、扩）建项目实行总量置换削减、排污指标申购等总量控制措施，严控高耗能、高排放和产能过剩行业新上项目。

在污染物排放控制方面，要因地制宜，进一步强化对生活源的治理力度。要强化对农村分散生活污水、污水处理厂高效稳定运行技术问题上的突破，通过完善重点乡镇和人口聚集区污水处理设施及配套管网等工程，进一步改善水质；通过重点实施河道生态护岸、垫层建设及现有河道内水工构筑物的生态化改造，加强流域内水生态修复。

在水生态环境风险防控方面，要进一步完善工业企业和矿山环境风险防范和管理体系建设。要进一步开展企业风险隐患排查与风险评估，增强企业的环境风险意识，努力降低涉重金属、危险废物、化学品等重点领域区域环境风险,将环境风险管控在经济社会可接受水平,守住环境安全底线。

(3)水资源分区管控要求

河湟地区:由于河湟地区生态本底较差,尤其是流经西宁水区的环境污染较大,因此其生态需水的主要目标是保证生态基流量,确保水功能区纳污能力,断面水质满足水功能区目标水质要求。根据《青海省湟水干支流水电开发环境影响回顾性评价报告》,目前,各运行电站按照非汛期(10月—次年5月)为多年平均天然流量的10%,汛期(6—9月)为多年平均天然流量的20%泄放流量。因湟水流域鱼类产卵育幼期在4—9月,根据湟水流域鱼类生境分布及鱼类产卵育幼期特征,湟水海晏至西宁河段各电站生态流量4—9月应不低于坝址处多年平均流量的30%,10月至次年3月不低于坝址处多年平均流量的10%;湟水西宁以下河段及各支流电站生态流量4—9月不低于坝址处多年平均流量的20%,10月—次年3月不低于坝址处多年平均流量的10%。

### 3.4.3 "三区三线"与"三线一单"管控内容融合分析

通过对国土空间规划"三区三线"和"三线一单"生态环境分区管控要求分析发现,"三区三线"管控要求主要在空间布局上从产业布局、源头开发准入进行控制,"三线一单"管控主要从生态环境质量改善角度出发,对提出开发建设行为下污染物排放管控、环境风险防控、资源利用效率、绿色环境基础设施建设等管控策略与环境准入要求。两者的切入点和控制的方式有所区别,但在内容上是不交叉重复的,一个是从布局和开发上进行源头约束,一个是从源头、过程和末端进行全过程的生态环境约束,从某种程度上是能进行内容融合的。

在对国土空间实施分区分类用途管制过程中,由于空间功能的多样性和重叠性,需要生态环境空间管控提供基础依据。例如,生态空间涉及水源地保护区、水源涵养区、湿地保护区等发挥重要生态系统功能维护区域的管控;农业空间涉及农用地污染地块的修复治理与使用权流转管控;城市空间面临着建设用地涉风险地块环境风险防范,大气与水环境高污染、高排放区治理，大气、水环境高敏感性、高脆弱性区域的产业准入管控要求等内容。

### 3.4.4 "三区三线"与"三线一单"管控内容融合方式

（1）生态空间与生态保护红线：管控数量规模与空间格局

经济社会发展对生产、生活空间需求的不断增长，导致生态空间无序开发，不断被挤压侵占，引起生态功能破坏、生态系统退化、生态环境恶化等生态安全问题。生态空间的缺失，将会导致空间秩序的紊乱。作为一种为人类生存和经济社会发展提供生态服务产品的重要空间形态，生态空间的数量规模和空间格局会直接影响到国土空间的生态安全。从保障区域生态系统健康的角度出发，生态空间的管控应围绕数量规模和空间格局两个方面（图3-25）。

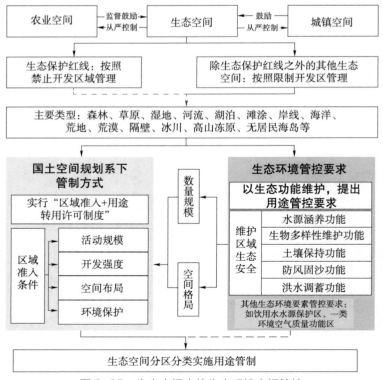

图3-25 生态空间中的生态环境空间管控

　　坚守生态空间的优先位序,从严控制生态空间转为城镇空间和农业空间,加强对农业空间转为生态空间的监督管理,鼓励城镇空间和符合国家生态退耕条件的农业空间转为生态空间,保障生态空间面积不减少。其中生态保护红线按照禁止开发区域进行管控,通过制定生态环境准入正面清单,实行刚性约束管控;生态保护红线之外的其他生态空间原则上按照限制开发区域进行管控,通过制定生态环境准入负面清单,实行弹性调节管控。生态空间中生态环境准入"正面 + 负面"清单应作为国土空间中生态空间用途管制制度实施的重要依据。

　　生态空间的空间格局管控,主要是在既有生态空间面积不减少的前提下,保障生态空间的功能质量不降低甚至提升。通过严格管控国土空间开发保护行为,避免对生态空间关键空间节点、格局和功能的侵占和干扰。通过建立生态空间开发保护监管制度,建设生态空间监测网络与监管平台,定期开展生态保护红线、生态空间面积规模与质量效益、生态产品供给能力的监测评估及生态环境承载能力预警分析,识别重点区域、重点问题,提出生态保护修复重点任务,强化国土空间规划的监督实施。

　　(2)农业空间与生态环境安全:管控农业结构和土地使用方式

　　土壤是经济社会可持续发展的物质基础,保护好土壤环境是推进生态文明建设和维护国家生态环境安全的重要组成部分。当前部分地区土壤环境污染较为严重,已成为全面建成小康社会的突出短板之一。由于土壤环境是一个开放的复杂生态系统,导致土壤环境质量受多重因素的叠加影响。农业空间中的土壤污染是地表水污染、地下水污染、固体废物污染、大气污染沉降交叉叠加的复合型污染,是目前生态环境污染管控中一个污染底数不清、技术储备不足、治理成本昂贵的领域。同时,与大气、水等流动性环境要素污染防治不同,土壤环境污染具有显著的时空累积特征,污染物难以迁移、扩散和稀释。

　　农业空间中土壤环境管控以"吃得放心"为主要标准,其管控遵循"预防为主,保护优先、风险管控"的基本思路,根据土壤污染状况调查结构,在农业空间中划定土壤环境质量类别,重点针对农用地和林—草—

155

园地两种类型，管控农业生产结构和土地使用方式两个方面，作为农业空间"约束指标＋分区准入"用途管制方式的重要前置性依据（图3-26）。

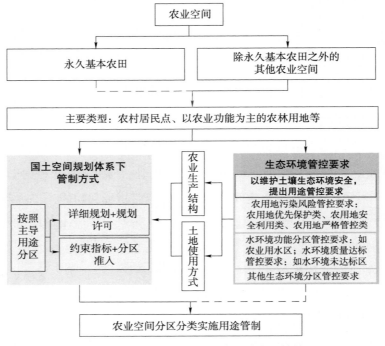

图3-26　城镇空间中的生态环境空间管控

　　土壤环境质量类别为未污染和轻微污染的农用地，属于农用地优先保护类，应重点管控其在农业空间中是否已划入永久基本农田，要求面积不减少，土壤环境质量不下降，严格控制相关产业布局和风险防控要求。轻度和中度污染的农用地，属于安全利用类，应重点管控农艺调控、替代种植等利用方式。重度污染的农用地，属于严格管控类，应从农—林—草土地利用类型转换、农业种植结构调整和环境风险防控等方面，实施功能用途管控。对重度污染的牧草地、林地和园地，主要管控种植结构调整方式和农业生产使用行为。

　　（3）城镇空间与生态环境质量：管控产业布局和开发建设行为

　　城镇空间是资源能源消耗、污染物排放最为集中的区域，除了提供生

产和生活功能外，需要满足最基本的生态环境质量要求。城镇空间内优质
生态产品供给不足、生态环境破坏、污染严峻形势已成为城镇空间高品质
生活建设的重要短板。究其原因是城镇发展定位、空间开发、人口集聚和
产业结构等不符合自然环境客观规律，未充分考虑资源环境承载能力，缺
乏对环境风险的全面考虑。

城镇空间中生态环境空间管控以水、大气、噪声、生态、污染场地等
生态环境要素为主要考虑对象，严格生态环境质量管理，遵循生态环境质
量只能更好、不能变坏的基本要求，重点针对产业空间布局和开发建设行
为进行管控（图 3-27）。

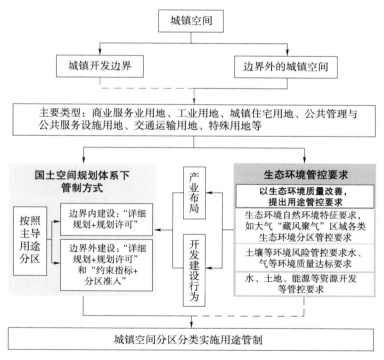

图 3-27 城镇空间中的生态环境空间管控

产业空间布局管控在分析城镇空间资源环境禀赋和自然环境特征规律的
基础上，识别 "藏风聚气" 区域，明晰水流 "源—汇" 关系，辨明 "功能节
点—关键廊道" 的城镇生态网格格局，划定城镇空间生态系统重要区、生态

环境敏感脆弱区和污染场地环境高风险区，重点提出这些区域允许、限制、禁止的产业布局类型清单。根据生态环境质量分阶段改善和达标要求，提出开发建设行为下污染物排放管控、环境风险防控、资源利用效率、绿色环境基础设施建设等管控策略与环境准入要求，作为城镇空间用途管制制度实施的重要依据。

# 3.5 流域基于"三线一单""三区三线"生态环境分区管控体系

## 3.5.1 生态环境分区管控体系构建建议

在生态环境管理的新时代需求下，构建基于国土空间"三线一单"差异化的生态环境分区管控体系，是生态环境部门参与空间规划体系等综合决策的重要基础。同时作为"战略环评－规划环评－项目环评"三维一体全链条环评管理体系的重要抓手，对支撑生态环境精细化管控和提升生态环境管理水平具有重要意义。

基于当前我国国土空间规划体系下生态环境空间管控现状与问题，为了促进国土空间规划与生态环境空间管控有机融合，建议围绕评价规划技术方法、规划实施过程和"三区三线"管控内容三个方面，构建"1123"的生态环境空间管控改革框架，以5个"一套"服务国土空间规划治理与生态环境治理体系改革。

（1）基本框架

立足生态文明体制改革要求，尊重自然规律，与基于"三区三线"的国土空间规划治理改革方向相协同，整合当前各项生态环境空间管控工作，探索建立"1123"的生态环境空间管控体系。

"1"是明确基础前置性的定位。生态环境空间管控应坚守生态环境保护的"规矩"地位，充分发挥好其基础性、引导性、前置性地位，为国土空间规划与生态环境治理体系改革做好提供定规模、优结构、落空间的依据。

"1"是认准实施管控分区的方向。生态环境各要素在质量、结构、功能等方面存在较大的空间差异性。尊重自然环境客观规律，实施生态环境分区管控，指导各区域按照生态环境要素空间差异性特征合理开展经济建设活动与生态环境保护，是生态环境空间管控的改革方向。

"2"是实施区域空间生态环境评价与生态环境规划两项基本战略。深入开展区域空间生态环境调查与评估工作，摸清生态环境结构、功能、承载和质量，系统掌握区域空间生态、水、大气、土壤等各要素和生态环境保护、环境质量管理、污染物排放控制、资源开发利用等领域的基础状况，形成覆盖全域、属性完备的区域空间生态环境基础底图，作为生态环境空间管控的基础。以生态环境规划为抓手，与国土空间规划层级体系相匹配，建立"省—市—区县"三级的生态环境规划层级体系，关注生态环境品质提升的改善型、建设性与高阶需求，"保底线、提品质"并重，做好与国土空间规划层级体系的衔接。

"3"是构建数据、技术、制度三个平台。一是生态环境空间管控应"强身健体"，注重生态环境基础数据的积累与规范化处理，构建一套适应空间管理的生态环境空间管控技术数据；二是尽快统一思想，整合当前各项技术方法，构建各层级区域生态环境调查评估、分区划定、规划编制的技术规范体系；三是探索建立生态环境空间管控的政策机制体系，积极推进生态环境空间管控的法制化进程。

（2）体系构建

一是构建一套生态环境基础数据体系。生态环境调查是《环境保护法》赋予生态环境部门的重要职能。以"三线一单"工作为载体，通过深入系统的开展区域空间生态环境评价，对区域生态环境的结构、功能、承载、质量等进行系统评估，形成体现自然环境规律、协调行政管理边界、空间位置准确、边界范围清晰、高精度、区域全覆盖的生态、水、大气、土壤、海洋等管控分区体系数据，构建一套适应全国全覆盖、同口径、信息化、可监测、定期更新、涵盖各类生态环境要素和质量管理、污染物排放、管控要求等生态环境权属信息的生态环境基础数据。将"三线一单"融入生态环境大数据建设，不断充实和细化"三线一单"数据支撑体系及分区管控要求，明确数据更新的要求，拓展"三线一单"成果查询、分析及应用功能，提供多种形式的数据服务，实现与环评、排污许可、环境执法的无缝衔接，有序推动成果在政策制定、规划编制、产业布局、结构调整、资源开发、城镇建设、重大项目选址、执法监管方面的应用，不断提升生态环境治理体系和治理能力现代化水平。另外，除了生态环境系统内的平台搭建以外，还应注重与其他有关部门的系统对接，实现部门间成果共享共用，使"三线一单"成果能够真正应用于相关政策的制定调整和各类开发建设的决策实施，使各部门之间形成合力。

二是整合一套"整装成套"的技术方法体系。系统梳理、整合当前国土空间分区分类管理的技术路径与技术方法，对资源环境承载能力和国土空间开发适宜性评价（以下简称"双评价"）技术，"三线一单"编制技术、生态保护红线划定技术、大气和水环境容量确定技术、生态环境功能区划技术、资源环境承载力评价监测预警技术、水功能区划技术等技术方法体系进行对比、衔接、整合，改变当前生态环境分区管控体系的"碎片化"现状，打造一套技术标准统一、功能定位协调、"整装成套"的生态环境空间管控技术方法体系。

三是构建一套层级清晰、功能错位的规划体系。重构新型生态环境规划体系，按照生态环境要素统筹监管的思路，在国家规划基础上，建立系统完整的"省—市—区县"三级生态环境规划体系。省级规划做好顶层设计，提出区域生态环境保护生态保护红线、环境质量底线等管控要求，合理引导城市规模与布局。市级及区县规划落实上位规划基本底线要求，提升城市生态环境品质的高阶要求，通过生态空间用途管控、生态补偿等政策，夯实生态空间管控；深化城镇空间中各生态环境要素功能维护要求、质量标准、准入标准、排放标准等管控要求；加强农业空间内水资源、湿地资源、草地、林地等资源的生态功能维护，强化土壤环境安全管控。有条件和有必要的乡镇规划可在上述各级规划的基础上，进一步提出国土生态环境整治、生态修复与保护等要求。

四是探索一套分区分类管控的管理政策体系。生态环境空间管控体系构建要紧密依托综合环境功能区划、单要素功能区划、生态空间划定、环境质量底线划定等已有的工作基础，以国土三大空间功能维护为主线，以分区分类管控为抓手，将环境影响评价、排污许可、生态补偿、污染物排放标准、总量控制等管理制度有机融合，配以开发强度、环境质量、排放限制、环境管理、监督执法、经济政策等，形成一套分区分类管控的、闭环的管理政策体系。

五是探索一套生态环境空间监测监管制度体系。依托互联网、大数据和现代观测技术，发挥遥感和无人机等技术力量，构架基于生态环境空间管控分区的天地一体化生态环境监测监管评估体系，开展统一建设、统一监管、统一分析评估的生态环境质量监测工作。开展生态环境空间管控监督政策制度研究，明确各类生态环境空间管控的责任主体，探索生态环境空间管控的衔接协调、组织应用、监督实施、评估考核、动态更新等管理制度，推动生态环境空间管控制度法制化建设。

### 3.5.2 生态环境分区管控政策制度体系保障

生态环境分区管治结合属地管理重在"分区"与"管治"。其中，"分区"按国土空间体系划分为生态空间、农业空间和城镇空间；"管治"主要指责任监管和制度监管。结合七大体系对生态环境分区管治政策制度框架进行具体设计（图 3-29）。

（1）完善法律法规体系

健全法律法规体系是生态环境分区管控制度的根本保障，也是建立长效机制的前提。省级政府针对当前或未来的空白区补充完善，针对生态红线、农村污染防治、生态治理监督检查、城镇环境精细化管理等方面制定相应的细则或导则。将实施权下放基层，监督权提升上级。

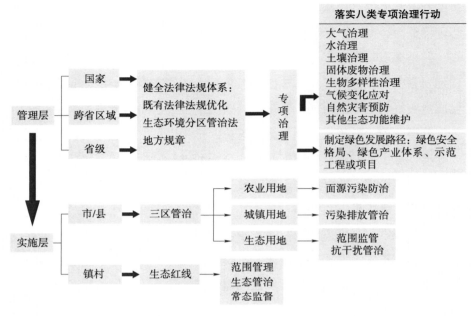

图 3-28　生态环境分区设计图

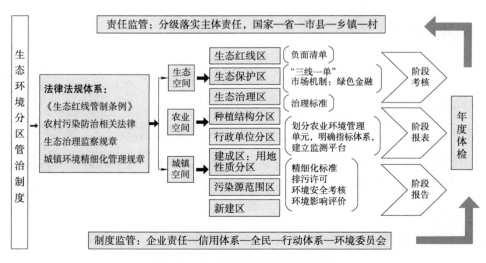

图 3-29　生态环境分区管控制度设计

（2）进一步深化空间划分

在 3 类空间基础上，结合各自特征细化。生态空间划分为生态红线区、生态保护区和生态治理区;农业空间按照种植结构分区和行政单位分区划分农业环境管理单元;城镇空间按照建成区、污染源范围区、新建区分区,其中建成区可根据用地性质进一步细分。

（3）强化生态空间管治

生态红线区严格明确负面清单并确定近期实施时间表;生态保护区完成"三线一单"设计,并建立市场机制,可试行绿色金融、环境保险、生态补偿等措施;生态治理区针对治理规划,建立治理目标和考核体系,最终自下而上提交阶段考核成果。

（4）强化农业空间管治

根据不同农业功能,如生态功能、生产功能、文化功能等类别,结合土壤面源污染的现状特征,提出区别化的指标体系和标准阈值,并按基层行政单元统计,同时在省层面建立动态监测平台,建立环境数据库,自下而上提交阶段报表。

（5）强化城镇空间管治

在建成区按照不同的土地性质,如居住用地、公共设施用地、物流用地、商业用地等制定不同的精细化环境标准;在工业用地、园区、污染排放源头等区域建立排污许可制度;新建区结合建设时序进行环境安全考核和环境影响评价,维护城市环境质量整体效果。最终自下而上提交阶段评估报告。

（6）建立以省为层级的年度"体检"制度

针对不同空间提交的报告、报表、成果进行分析研究,明确下一步工作任务,可分为"维持""强化""整改"等结论,依此进行绩效奖励或主体问责。研究成果结合制度监管结论形成最终环境方案,经过专家审核、部门审验、政府审定后提交,并层层抓落实。

（7）建立双轨型监管体系

一是责任监管,明确省、市县、乡镇、村的责任范畴和行动指南;二是制度监管,尽快建立信用体系,连带企业责任体系,建立环境业主委员会,推行全民行动体系,将制度监管结论反馈到年度"体检"中,修正年度考核报告。

### 3.5.3  生态环境分区管控的环评准入应用

将"三线一单"纳入现有环境准入体系，加强"三线一单"、规划环评制度和项目环评制度的充分衔接，既是实现"三线一单"落地应用的重要途径，也是提升环境准入体系管理效果的重要途径。三者需要进行系统的衔接，首先要厘清三者的责任主体，"三线一单"作为战略环评，在整个环评准入体系中位于顶层，其责任主体为各级党委和政府，规划环评的责任主体为编制规划的政府部门，其中产业园区的规划环评责任主体为产业园区管理机构，项目环评的责任主体为具体的建设单位。从三者的关系可以看出，规划环评在环评准入体系中处于承上启下的地位，尤其是产业园区规划环评可以从空间角度发挥承上启下的作用，根据《规划环境影响评价技术导则　总纲》，规划环评需要编制生态环境准入清单，"三线一单"、项目环评与产业园区规划环评的衔接可以通过生态环境准入清单实现，产业园区管理机构在编制规划环评时，要在"三线一单"的生态环境准入清单的管控要求的基础上，结合园区的发展定位、空间发展和保护格局、生态环境管理需求，制定园区规划环评的生态环境准入清单，建设单位在编制项目环评时需要同时符合"三线一单"的生态环境准入清单和产业园区规划环评中生态环境准入清单的管控要求才可以入园（图3-30）。

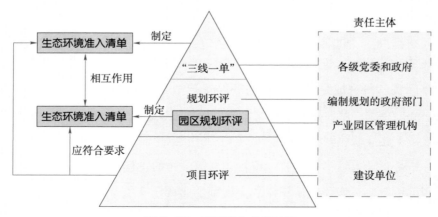

图 3-30　环评准入体系结构

　　同时，产业园区在"三线一单"中作为工业集聚区，一般属于单独的重点管控单元，在规划环评生态环境准入清单中的管控要求已经成为园区规定企业入园的必要条件，而且按照生态环境部的要求，产业园区管理机构要切实担负起规划环评的主体责任，对规划环评的质量和结论负责，并接受所属人民政府的监督。因此，可以在"三线一单"的生态环境准入清单中吸纳产业园区规划环评中生态环境准入清单的具体内容，生态环境部门在审查产业园区规划环评时，也可以要求产业园区管理机构在空间布局约束、污染物排放管控、环境风险管控、资源利用效率要求等方面提出更具体的要求，比如在污染物排放管控要求中提出园区具体的允许排放量，将这些具体管控要求吸收到"三线一单"的生态环境准入清单中，这样就可以解决"三线一单"编制过程中生态环境准入清单只是衔接既有管理规定的问题，还可以将"三线一单"应用到产业园区污染源管理领域，拓宽"三线一单"的应用领域。另外，还可以通过产业园区规划环评推动园区落实煤炭消费削减替代、温室气体排放控制等政策要求，将相关要求吸纳到"三线一单"的管控要求之中，发挥降碳和减污之间的协同作用，通过调整能源结构和产业结构减少碳排放，同时从根源上降低了污染物排放。

### 3.5.4　生态环境分区管控应用调整建议

（1）生态保护红线动态调整

　　随着部门职责的划转，生态保护红线划定的调整工作由生态环境厅划转到自然资源厅，生态环境厅应及时动态更新调整自然资源厅的生态保护红线和一般生态空间基础数据，并同时对优先管控单元的划分进行更新调整。在管控上保障生态空间面积不减少，从严控制生态空间转为城镇空间和农业空间。其中生态保护红线按照禁止开发区域进行管控，通过制定生态环境准入正面清单，实行刚性约束管控；生态保护红线之外的其他生态空间原则上按照限制开发区域进行管控，通过制定生态环境准入负面清单，实行弹性调节管控。

（2）重点管控单元调整

重点管控区的调整要对接城镇空间的划定，在城镇空间的基础上再细化城镇空间、工业空间和矿区，分别按水、气、土等要素形成对应重点管控单元，在管控上管控产业布局和开发建设行为，提出允许、限制、禁止的产业布局类型清单，以及根据生态环境质量分阶段改善和达标要求，提出开发建设行为下污染物排放管控、环境风险防控、资源利用效率、绿色环境基础设施建设等管控策略与环境准入要求。

（3）一般管控单元调整

一般管控区的调整要对接农业空间的划定，在农业空间基础上再细化基本农田和其他区域，分别按水、气、土等要素形成对应一般管控单元。在管控上农业空间中土壤环境管控以"吃得放心"为主要标准，管控农业生产结构和土地使用方式，未污染和轻微污染的农用地等农用地优先保护类，确保划入永久基本农田，要求面积不减少，土壤环境质量不下降，严格控制相关产业布局和风险防控要求；轻度和中度污染的农用地等安全利用类，管控农艺调控、替代种植等利用方式；重度污染的农用地等严格管控类，应从农—林—草土地利用类型转换、农业种植结构调整和环境风险防控等方面，实施功能用途管控；重度污染的牧草地、林地和园地，管控种植结构调整方式和农业生产使用行为。

## 3.5.5　生态环境分区管控要求

（1）生态空间生态环境管控要求

1）关于自然保护区空间布局约束的准入要求

禁止任何人进入自然保护区的核心区。因科学研究的需要，必须进入核心区从事科学研究观测、调查活动的，应当事先向自然保护区管理机构提交申请和活动计划，并经自然保护区管理机构批准；其中，进入国家级自然保护区核心区的，应当经省、自治区、直辖市人民政府有关自然保护区行政主管部门批准。

禁止在自然保护区的缓冲区开展旅游和生产经营活动。因教学科研的目的，需要进入自然保护区的缓冲区从事非破坏性的科学研究、教学实习和标本采集活动的，应当事先向自然保护区管理机构提交申请和活动计划，经自然保护区管理机构批准。

实验区可进入从事科学试验、教学实习、参观考察、旅游以及驯化、繁殖珍稀、濒危野生动植物等活动。在自然保护区的实验区内开展参观、旅游活动的，由自然保护区管理机构编制方案，方案应当符合自然保护区管理目标。

禁止在自然保护区内进行砍伐、放牧、狩猎、捕捞、采药、开垦、烧荒、开矿、采石、挖沙等活动（法律、行政法规另有规定的除外）。

区内现有不符合布局要求的，限期退出或关停。对已造成的污染或损害，应限期治理。

2）关于森林公园空间布局约束的准入要求

禁止在森林公园毁林开垦和毁林采石、采砂、采土以及其他毁林行为。在珍贵景物、重要景点和核心景区，除必要的保护和附属设施外，禁止建设宾馆、招待所、疗养院和其他工程设施。

区内现有不符合布局要求的，限期退出或关停。对已造成的污染或损害，应限期治理。

3）关于风景名胜区空间布局约束的准入要求

禁止在风景名胜区进行开山、采石、开矿、开荒、修坟立碑等破坏景观、植被和地形地貌的活动。禁止在风景名胜区修建储存爆炸性、易燃性、放射性、毒害性、腐蚀性物品的设施。禁止在风景名胜区内设立各类开发区和在核心景区内建设宾馆、招待所、培训中心、疗养院以及与风景名胜资源保护无关的其他建筑物。在风景名胜区开展旅游活动应适度控制游客容量，禁止超载接纳游客。

区内现有不符合布局要求的，限期退出或关停。对已造成的污染或损害，应限期治理。

4）关于饮用水水源地空间布局约束的准入要求

在饮用水水源准保护区内，禁止设置排污口；禁止新建、扩建严重污染水体的建设项目，改建增加排污量的建设项目；禁止设置存放可溶性剧毒废渣等污染物的场所；禁止进行可能严重影响饮用水水源水质的矿产勘查、开采等活动；禁止向水体排放含低放射性物质的废水、含热废水、含病原体污水。

在饮用水水源二级保护区内，除饮用水水源准保护区内禁止的行为外，还禁止新建、改建、扩建排放污染物的建设项目或者其他设施；禁止向水体倾倒生活垃圾；禁止贮存、堆放可能造成水体污染的固体废物和其他污染物；禁止从事淘金、采砂、采石、采矿活动；禁止新建、改建、扩建畜禽养殖场。

在饮用水水源一级保护区实行封闭管理。除饮用水水源准保护区、二级保护区内禁止的行为外，还禁止新建、改建、扩建与供水设施和保护水源无关的建设项目；禁止放养畜禽、从事网箱养殖活动；禁止使用农药、化肥、含磷洗涤剂；禁止从事旅游、游泳、垂钓和其他可能污染饮用水水体的活动。

区内现有不符合布局要求的，应依法责令限期拆除或者关闭。对已造成的污染或损害，应限期治理。

5）关于水产种质资源保护区空间布局约束的准入要求

不得损害水产种质资源及其生存环境。禁止在水产种质资源保护区内从事围湖造田、围海造地或围填海工程。禁止在水产种质资源保护区内新建排污口。在水产种质资源保护区附近新建、改建、扩建排污口，应当保证保护区水体不受污染。特别保护期内不得从事捕捞、爆破作业以及其他可能对保护区内生物资源和生态环境造成损害的活动。在水产种质资源保护区内从事修建水利工程、疏浚航道、建闸筑坝、勘探和开采矿产资源、港口建设等工程建设的，或者在水产种质资源保护区外从事可能损害保护区功能的工程建设活动的，应当按照国家有关规定编制建设项目对水产种质资源保护区的影响专题论证报告，并将其纳入环境影响评价报告书。

区内现有不符合布局要求的，限期退出或关停。对已造成的污染或损害，应限期治理。

6）关于地质公园空间布局约束的准入要求

不得在地质遗迹保护区内及可能对地质遗迹造成影响的一定范围内进行采石、取土、开矿、放牧、砍伐以及其他对保护对象有损害的活动。未经管理机构批准，不得采集标本和化石。不得修建与地质遗迹保护无关的厂房或其他建筑设施。

区内现有不符合布局要求的，限期退出或关停。对已造成的污染或损害，应限期治理。

7）关于可可西里自然遗产地空间布局约束的准入要求

禁止开山、采石、取土、采矿等破坏自然景观、植被和地形地貌的活动；禁止非法捕杀国家重点保护野生动物。

区内现有不符合布局要求的，限期退出或关停。对已造成的污染或损害，应限期治理。

8）关于湿地空间布局约束的准入要求

禁止开（围）垦、填埋或者排干湿地、擅自占用湿地或者改变湿地用途；禁止永久性截断湿地水源，擅自排放湿地蓄水或者修建阻水、排水设施，截断湿地与外围的水系联系；禁止挖沙、采砂、采石、取土、采集泥炭、揭取草皮；禁止倾倒有毒有害物质、废弃物、垃圾、排放污水；禁止破坏野生动物栖息地和迁徙通道、鱼类洄游通道，采用灭绝性方式捕捞鱼类及其他水生生物，乱采滥捕野生动植物，擅自捡拾或者破坏鸟卵；禁止引进外来物种；禁止擅自放牧、捕捞、取土、取水、排污、放生；禁止擅自新建建筑物和构筑物；禁止破坏湿地保护设施设备。

区内现有不符合布局要求的，限期退出或关停。对已造成的污染或损害，应限期治理。

9）关于水土流失极敏感区空间布局约束的准入要求

禁止在 25° 以上陡坡地开垦种植农作物。禁止过度放牧。禁止新建土地资源高消耗产业。禁止在崩塌、滑坡危险区和泥石流易发区从事取土、挖砂、采石、开采零星矿产资源等可能造成水土流失的活动。

区内现有不符合布局要求的，限期退出或关停。对已造成的污染或损害，应限期治理。

10）关于土地沙化极敏感区空间布局约束的准入要求

禁止发展高耗水工业。禁止在国家沙化土地封禁保护区砍伐、樵采、开垦、放牧、采药、狩猎、勘探、开矿和滥用水资源等一切破坏植被的活动；禁止在国家沙化土地封禁保护区范围内安置移民。

区内现有不符合布局要求的，限期退出或关停。对已造成的污染或损害，应限期治理。

11）关于水源涵养极重要区空间布局约束的准入要求

禁止过度放牧、无序采矿、毁林开荒、开垦草原等损害或不利于维护水源涵养功能的人类活动。禁止新建高水资源消耗产业。禁止新建纺织印染、制革、造纸、石化、化工、医药、金属冶炼等水污染或大气污染较重的项目。

区内现有不符合布局要求的，限期退出或关停。对已造成的污染或损害，应限期治理。

12）关于水土保持极重要区空间布局约束的准入要求

禁止在 25° 以上陡坡地开垦种植农作物。禁止过度放牧。禁止新建土地资源高消耗产业。禁止在崩塌、滑坡危险区和泥石流易发区从事取土、挖砂、采石、开采零星矿产资源等可能造成水土流失的活动。

区内现有不符合布局要求的，限期退出或关停。对已造成的污染或损害，应限期治理。

13）关于生物多样性极重要区空间布局约束的准入要求

禁止损害或不利于维护重要物种栖息地的人类活动。禁止新建纺织印染、制革、造纸、石化、化工、医药、金属冶炼等水污染或大气污染较重的项目。禁止大规模水电开发和林纸一体化产业发展。

区内现有不符合布局要求的，限期退出或关停。对已造成的污染或损害，应限期治理。

14）关于自然保护区、风景名胜区、饮用水水源保护区等区域内矿产资源开发活动准入及退出的要求

自然保护区内禁止新设矿业权。自然保护区内已设置的商业探矿权、

采矿权和取水权，依法限期退出。自然保护区设立之前已存在的合法探矿权、采矿权和取水权，以及自然保护区设立之后各项手续完备且已征得保护区主管部门同意设立的探矿权、采矿权和取水权，按照青海省自然保护区内矿业权清理工作方案等要求依法退出。

开采范围与自然保护区、风景名胜区、饮用水水源保护区等区域重叠的煤矿，依法关闭退出。其中，矿业权后于自然保护区、风景名胜区、饮用水水源保护区的煤矿，立即退出；矿业权先于自然保护区、风景名胜区、饮用水水源保护区的煤矿，原则上在 2020 年年前退出，确因开采特殊紧缺煤种的非煤与瓦斯突出煤矿，或满足林区、边远山区居民生活用煤需要、承担特殊供应任务的煤矿，以及处于自然保护区核心区和缓冲区、风景名胜区二级及以上保护区之外的煤矿，在落实安全生产保障和环境保护措施的前提下，经报请省级人民政府有关部门同意后，方可适当延迟退出时间。

（2）城镇空间生态环境管控要求

禁止在沿江 1 km 范围内新建重化工园区，禁止新增长江水污染物排放的项目。沿江 1 km 范围内现有化工企业限时搬迁，或进入合规园区。建设项目所需排污指标，必须通过削减现有污染源排放量等量或减量予以置换，做到增产不增污或增产减污。

关于河湟地区污染物排放管控的准入要求：在东部城市群新建火电、钢铁、水泥、有色、化工等项目，其大气污染物排放应执行特别排放限值，清洁生产水平应达到一级标准。新建涉水项目，经处理后的工业企业废水未纳入城市排水管网直接排入湟水水体的，其水污染排放应达到行业或《污水综合排放标准》的一级标准。经处理后的工业企业废水排入工业园区集中污水处理厂的，其出水水质应满足该工业园区集中污水处理厂的设计进水标准；工业园区集中污水处理厂的出水水质应达到《污水综合排放标准》的一级标准要求。经处理后的工业企业废水排入城镇污水处理厂的，其水污染排放应满足《污水排入城镇下水道水质标准》（GB/T 31962—2015）要求，特征污染物排放应达到行业或《污水综合排放标准》

的一级标准；城镇污水处理厂的出水水质应达到《城镇污水处理厂污染物排放标准》一级 A 标准要求。

（3）农业空间生态环境管控要求

除法律规定的重点建设项目选址确实无法避让外，其他任何建设不得占用。严格控制有色金属、石油加工、化工医药、皮革制品、铅蓄电池制造、电镀等项目可能影响土壤环境质量的项目。

逐步建立肥料、农药、饲料使用等档案制度，合理使用化肥、农药，严格执行畜禽养殖饲料添加剂有关标准。加强废弃农膜回收利用，全面推进农药包装废弃物回收处理。强化农产品质量检测，根据土壤污染现状动态调整种植作物品种，实现耕地安全利用。

研究周边耕地使用调整计划，防范耕地土壤环境风险。加强监管和检测，土壤的有机物、重金属等污染风险，防止改良材料使用产生的二次污染。

# 第 4 章
## 基于流域水环境空间的主要排污口管控研究

排污口规范化整治是实施污染物总量控制计划的基础性工作之一，也是水环境空间管控的重要措施之一。随着湟水流域水资源开发利用程度不断提高，生态环境保护的压力进一步增大。据统计，湟水流域西宁段 2017 年废污水排放量约 14 028 万 t/a，所设排污口达到 59 个。因此，依法开展入河排污口设置论证工作是流域水环境空间管控实施及流域污染综合治理方案编制的依据，更是保护水资源，落实科学发展观的重要手段。在满足环境保护目标要求的前提下，分析排污口废水排放对水环境的影响，优化排污口设置方案，对流域水环境保护具有重要意义。本章基于水环境空间管理，"以水定陆"地识别了水环境维护重点、敏感、脆弱区域，对重点水功能区进行划分，并讨论湟水流域西宁段主要污染物削减策略。最后针对现有流域存在的问题，结合生态空间管控要求提出入河排污口设置和管控策略，强化城乡规划、国土空间规划、流域规划的有机衔接，全面提升流域水环境管控能力。

# 4.1  湟水流域西宁段入河排污管控规定

## 4.1.1  水功能区划

水功能区是指根据流域或区域的水资源条件与水环境状况，考虑水资源开发利用现状和经济社会发展对水量和水质的需求，在相应水域内划定的具有特定功能的区域。水功能区是有利于水资源的合理开发利用和保护，并能够发挥最佳效益的区域。水功能区划采用两级分区，即一级区划和二级区划。一级功能区分 4 类，即保护区、保留区、开发利用区、缓冲区，主要是从流域层面上对水资源开发利用和保护进行总体控制，确定流域整体宏观布局，协调地区间用水关系。二级功能区是在一级区划的控制下，对开发利用区水域，根据多种用途和保护目标，再细分为 7 类，即饮用水水源区、工业用水区、农业用水区、渔业用水区、景观娱乐用水区、过渡区、排污控制区，为科学合理地开发利用和保护水资源提供依据，主要协调用水部门之间的关系。

2014 年，青海省人民政府对河流、县级以上集中式生活饮用水水源、主要供水引水渠道、城市内河、特殊保护水域等的水功能区以《青海省水功能区划》（青政办〔2014〕50 号）进行了批复。在区划中，西宁市一级水功能区 15 个，其中，水源源头保护区 3 个。二级水功能区 24 个，其中，以饮用水为主导功能的二级区 6 个，以工业用水为主导功能的二级区 6 个，以农业用水为主导功能的二级区 8 个，以景观娱乐用水为主导功能的二级区 2 个，过渡区 1 个，排污控制区 1 个。按照水体使用功能的要求，在一、二级水功能区中，共有 32 个水功能区水质目标确定为Ⅲ类或优于Ⅲ类，占总数的 82.1%。

（1）一级水功能区

西宁市一级水功能区 15 个。其中，保护区 3 个，无保留区与缓冲区，开发利用区 12 个。

保护区 3 个，保护区是对源头水保护、饮用水保护、自然保护区、风景名胜区及珍稀濒危物种的保护具有重要意义的水域。

水质目标为Ⅰ～Ⅱ类或维持现状水质。保护区主要分布：

①流域上游拉拉河湟源源头水保护区，水质目标为Ⅱ类水质；

②北川大通源头水保护区，水质目标为Ⅱ类水质；

③黑林河大通源头水保护区，水质目标为Ⅱ类水质。

开发利用区 12 个，是为满足工农业生产、城镇生活、渔业、娱乐等功能需求的水域，水质目标在二级区划中确定。开发利用区应当坚持开发与保护并重，充分发挥水资源的综合效益，保障水资源可持续利用。同时具有多种使用功能的开发利用区，应当按照其最高水质目标要求的功能实行管理。

（2）二级水功能区

二级水功能区 24 个，其中，以饮用水为主导功能的二级区 6 个，以工业用水为主导功能的二级区 6 个，以农业用水为主导功能的二级区 8 个，以景观娱乐用水为主导功能的二级区 2 个，过渡区 1 个，排污控制区 1 个。

饮用水水源区是为城乡提供生活饮用水划定或预留的水域。已经提供城乡生活饮用水的饮用水水源区,应当划定饮用水水源保护区,优先保证饮用水水量水质。在饮用水水源保护区内,禁止设置(含新建、改建和扩建)排污口。为城乡预留生活饮用水的饮用水源区,应当加强水质保护,严格控制排放污染物,不得新增入河排污量。

工业用水区和农业用水区:工业用水区是为了满足工业用水需求划定的水域,农业用水区是为了满足农业灌溉用水需求划定的水域。工业用水区和农业用水区应当优先满足工业和农业用水需求,严格执行取水许可有关规定。在工业用水区和农业用水区设置入河排污口的,排污单位应当保证该水功能区水质符合工业和农业用水目标要求。

景观娱乐用水区是为满足景观、娱乐和各种亲水休闲活动需求划定的水域。景观娱乐活动不得危及景观娱乐用水区的水质控制目标。

过渡区是为使水质要求有差异的相邻水功能区顺利衔接划定的水域。过渡区应当按照确保下游水功能区符合水质控制目标的要求实施管理,严格控制可能导致水体自净能力下降的涉水活动。

## 4.1.2　重要水环境敏感区

根据《青海省主体功能区规划》和《西宁市城市总体规划》,西宁市禁止开发区域包括自然保护区 1 处、风景名胜区 1 处、森林公园 5 处、湿地公园 1 处、城市饮用水水源保护地 8 处,禁止开发区域名录见表 4-1。

表 4-1　西宁市禁止开发区域名录

| 序号 | 名称 | 级别 | 面积 / km² | 位置 | 主要保护对象 | 空间管制要求 |
|---|---|---|---|---|---|---|
| 自然保护区 | | | | | | |
| 1 | 青海大通北川河源区自然保护区 | 国家级 | 1 078.7 | 大通县 | 森林生态系统 | 核心区、缓冲区禁止建设;实验区限制建设 |

续表

| 序号 | 名称 | 级别 | 面积 / km² | 位置 | 主要保护对象 | 空间管制要求 |
|---|---|---|---|---|---|---|
| 风景名胜区 | | | | | | |
| 1 | 大通老爷山、宝库峡、鹞子沟风景名胜区 | 省级 | 159 | 大通县 | 自然景观、人文景观 | 核心区禁止建设；除核心区以外的地区限制建设 |
| 森林公园 | | | | | | |
| 1 | 青海群加国家森林公园 | 国家级 | 58.49 | 湟中县 | 森林生态和自然景观 | 限制建设 |
| 2 | 青海省察汗河森林公园 | 国家级 | 11 | 大通县 | 森林生态和自然景观 | 限制建设 |
| 3 | 青海省鹞子沟森林公园 | 国家级 | 12 | 大通县 | 森林生态和自然景观 | 限制建设 |
| 4 | 青海上五庄省级森林公园 | 省级 | 635.31 | 湟中县 | 森林生态和自然景观 | 限制建设 |
| 5 | 青海东峡省级森林公园 | 省级 | 20 | 湟源县 | 森林生态和自然景观 | 限制建设 |
| 湿地公园 | | | | | | |
| 1 | 西宁湟水国家级湿地公园 | 国家级 | 5.09 | 西宁市 | 沼泽、湖泊 | 限制建设 |
| 主要城市饮用水水源保护地 | | | | | | |
| 1 | 北川塔尔水源地 | | 61.19 | 大通县 | 浅层地下水 | 禁止建设 |
| 2 | 西纳川丹麻寺水源地 | | 55.4 | 湟中县 | 浅层地下水 | 禁止建设 |
| 3 | 西川多巴水源地 | | 49.23 | 湟中县 | 浅层地下水 | 禁止建设 |
| 4 | 北川石家庄水源地（第六水源地） | | 125.9 | 大通县 | 浅层地下水 | 禁止建设 |

| 序号 | 名称 | 级别 | 面积/km² | 位置 | 主要保护对象 | 空间管制要求 |
|------|------|------|---------|------|------------|------------|
| 5 | 大通县城堡子水源地 | | 19.93 | 大通县 | 浅层地下水 | 禁止建设 |
| 6 | 湟源城关大华水源地 | | 11.26 | 湟源县 | 浅层地下水 | 禁止建设 |
| 7 | 北川河黑泉水库水源地 | | 9.57 | 大通县 | 水库 | 禁止建设 |
| 8 | 湟中县青石坡水源地 | | 0.36 | 湟中县 | 河道 | 禁止建设 |

（1）集中式饮用水水源保护区

依据《饮用水水源保护区污染防治管理规定》《青海省饮用水水源保护条例》等相关法律法规，严格保护黑泉水库、西纳川河地下水源地、城堡子水源地、第六水源地、多巴水源地、青石坡水源地、大华水源地和北川塔尔8处水源保护区。其中，大通县4个、湟中县3个、湟源县1个。目前南川新安庄，开采潜力不足，已超采。南川杜家庄、西川多巴水源地采补基本平衡。由于西川河水质受到污染，以地表水为水源的第二水厂已停产多年，目前实际供水的水厂有7座，实际供水能力20.2万 m³/d。7座水厂分别为一水厂、三水厂、四水厂、五水厂、六水厂、多巴水厂和七水厂。七水厂于2007年建成投入使用，试供水约3万t；四水厂、六水厂供水量合计约为11万t，占城市总供水的量的54.5%；一水厂供水量约为0.8万t，占城市总供水量4%；三水厂供水量约为1.1万t，占城市总供水量的4.5%；五水厂供水量约为4.73万t，占城市总供水量的25.4%；多巴水厂供水量约为2.75万t，占城市总供水量的15.6%。

根据《西宁市饮用水水源保护管理办法》，在饮用水水源准保护区内，禁止新建、扩建污染水体的建设项目，改建增加排污量的建设项目；禁止设置存放可溶性剧毒废渣等污染物的场所；禁止进行可能严重影响饮用水水源水质的矿产勘查、开采等活动；禁止向水体排放含重金属、病原体、油类、酸碱类污水等有毒有害物质以及含低放射性物质的废水、含热废水、含病原体污水；禁止堆放、倾倒和填埋粉煤灰、工业废渣、医疗废弃物、放射性物品等固体废物和其他污染物；禁止在水体清洗装贮过油类或者有毒有害污染物的车辆、容器和包装器材；禁止新设规模畜禽养殖场；禁止利用渗井、渗坑、裂隙等排放、倾倒含有毒污染物的废水、含病原体的污水或者其他废弃物；禁止破坏水环境生态平衡的活动以及破坏水源涵养林、护岸林、与水源保护相关植被的活动；禁止人工回灌补给地下水时，劣于国家规定的环境质量标准；禁止法律、法规规定的其他可能污染饮用水水源的活动。

在饮用水水源二级保护区内，除饮用水水源准保护区内禁止的行为外，还禁止设置排污口；禁止新建、改建、扩建排放污染物的建设项目；禁止向水体排放生活污水；禁止堆放、倾倒、填埋生活垃圾；禁止新建、改建、扩建畜禽养殖场；禁止从事淘金、采砂、采石、采矿等活动；禁止在水体清洗车辆；禁止建立墓地、丢弃或者掩埋动物尸体；禁止挖掘、铺设输送工业污水、油类、有毒有害物品的渠道或者管道。在饮用水水源二级保护区内限制使用农药、化肥、含磷洗涤剂。从事网箱养殖、旅游等活动的，应当按照规定采取措施，防止污染饮用水水体。在饮用水水源二级保护区内，已建成的排放污染物的建设项目，由市、县（区）人民政府依法责令限期拆除或者关闭。

饮用水水源一级保护区应当设置隔离防护设施，实行封闭式管理。在饮用水水源一级保护区内，除饮用水水源准保护区、二级保护区内禁止的行为外，还禁止新建、改建、扩建与供水设施和保护水源无关的建设项目；禁止放养畜禽、从事网箱养殖活动；禁止使用农药、化肥、含磷洗涤剂；禁止从事旅游、游泳、垂钓、露营、野炊、烧烤和其他可能污染饮用水水体的活动。在饮用水水源一级保护区内，已经建成的与供水设施和保护水源无关的建设项目，市、县（区）人民政府依法责令限期拆除或者关闭。

（2）省级以上自然保护区

西宁市有国家级自然保护区 1 个，即青海大通北川河源区国家级自然保护区，位于青海省西宁市大通县境内，湟水河一级支流——北川河的源头，地理坐标位于东经 100°52′～101°47′，北纬 37°03′～37°28′，涉及大通县宝库、青林、青山、向化、桦林等 5 个乡镇，保护区总面积 107 870 hm²，占大通县总面积 34.91%。其中核心区面积 40 156.6 hm²，缓冲区面积38 447.4 hm²，实验区面积 29 266 hm²。是保护森林生态系统及其生物多样性，集物种与生态保护、水源涵养、科普宣传、科学研究、自然资源可持续发展等多功能于一体的森林生态系统类型自然保护区。

依据《自然保护区条例》（2017 年），大通北川河源区国家级自然保护区应严格按照核心区、缓冲区和实验区的区域划分，进行各项活动。在核心区和缓冲区内，不得建设任何生产设施。在实验区内，不得建设污染环境、破坏资源或者景观的生产设施；建设其他项目的，其污染物排放不得超过国家和地方规定的污染物排放标准。根据《西宁市森林和野生动物类型自然保护区管理条例》（2017 年），禁止在保护区上游的水体排放污染物。

（3）省级以上风景名胜区

西宁市有省级风景名胜区 1 个，即大通老爷山、宝库峡、鹞子沟风景名胜区。老爷山位于西宁市北约 40 km，总面积 15 900 hm²，山体母岩为中震旦纪石灰岩，岩层由下而上分块状白色或灰色砂质灰岩、条带状燧石灰岩及黑灰色角砾状灰岩等，层厚 1 000 余 m，与震旦纪地层呈断层接触。景区内土壤分山地棕褐土、黑钙土和栗钙土。宝库峡风景区位于大通县西北部，大坂山南麓宝库林区内，主要由察汗河景区和黑泉水库景区组成。宝库峡风景区地形起伏较大，呈狭长河谷地貌。鹞子沟位于大通县东北部，距县城桥头镇 18 km，海拔 2 450～4 348 m，属凉温半湿润气候，年均温度为 2.9℃。

依据《风景名胜区条例》，风景名胜区内的建设项目应当符合风景名胜区规划，并与景观相协调，不得破坏景观、污染环境、妨碍游览。在风景名胜区内进行建设活动的，建设单位、施工单位应当制定污染防治和水土保持方案，并采取有效措施，保护好周围景物、水体、林草植被、野生动物资源和地形地貌。根据《水污染防治法》，在风景名胜区水体、重要渔业水体和其他具有特殊经济文化价值的水体的保护区内，不得新建排污口。

（4）重要湿地

西宁市有国家级湿地公园 1 个，即西宁湟水国家级湿地公园。湟水国家湿地公园位于西宁市区内湟水河流域西宁城区段，即湟水河及其一级支流北川河。包括湟水河流经城区的 39.1 km 范围，北川河流经城区的 10.8 km 范围，规划范围总面积 508.70 hm$^2$。西宁湟水国家湿地公园内有国家二级保护动物 2 种，即兔狲和灰鹤；省级保护动物有 4 种，即艾虎、斑头雁、灰雁、赤麻鸭。植物种类较为丰富，该湿地公园内有维管束植物 33 科 82 属 103 种。草木主要有芦苇、香蒲等；人工种植的乔灌木主要有青海云杉、油松、祁连圆柏、白榆等。

根据《湿地保护管理规定》，在湿地内禁止从事破坏湿地及其生态功能的活动，工程建设应当不占或者少占湿地。除法律法规有特别规定的以外，在湿地内禁止从事下列活动：倾倒有毒有害物质、废弃物、垃圾；擅自放牧、捕捞、取土、取水、排污、放生；其他破坏湿地及其生态功能的活动。依据《青海省湿地保护条例》对青海西宁湟水国家湿地公园进行保护，严禁破坏湿地生态环境的活动，维护湿地生物多样性和湿地生态系统的稳定。在湿地范围内禁止下列行为：擅自排放湿地蓄水或者修建阻水、排水设施，截断湿地与外围的水系联系；擅自新建建筑物和构筑物；向湿地投放有毒有害物质、倾倒固体废物、排放污水；破坏野生动物重要繁殖区及栖息地，破坏鱼类等水生生物洄游通道，采用灭绝性方式捕捞鱼类及其他水生生物；其他破坏湿地及其生态功能的行为。

### 4.1.3 相关区域规划

（1）《西宁市城市总体规划》相关要求

《西宁市城市总体规划》对西宁市生态功能区划、空间管制要素和城市生态控制区划定做出详细规划，主要相关内容如下：

①全市生态功能区划分为城镇生态功能区、城郊生态功能区、流域生态功能区、水源涵养地生态功能区4类区域。水源涵养地生态功能区包括水源涵养保护区、饮用水水源保护区（一级、二级保护区）等。严格按照有关法律法规实施强制性保护。在水源涵养地生态建设区积极开展绿色系统建设，组织必要的生态移民；禁止在保护区内新建污染企业，对现有污染企业要限期治理和搬迁；注重生态保护区周边的生态维护和功能区协调。

②依据《自然保护区条例》，保护大通北川河源区国家级自然保护区。严格按照核心区、缓冲区和实验区的区域划分，进行各项活动。依据《风景名胜区条例》，保护大通老爷山（宝库峡、鹞子沟）风景名胜区。依据《森林法》《森林公园管理办法》等相关法律法规，保护察汗河、鹞子沟和群加3处国家级森林公园，保护上五庄和东峡大黑沟2处省级森林公园。依据《青海省湿地保护条例》对青海西宁湟水国家湿地公园进行保护，严禁破坏湿地生态环境的活动，维护湿地生物多样性和湿地生态系统的稳定。加强对湟水河西宁段、北川河、南川河、西纳川—甘河和沙塘川等主要河流的保护，完善河道两侧绿化建设，防治水土流失，严禁非法占用滩涂湿地。在各级城镇规划中，落实城镇河段的具体保护范围和要求。依据《饮用水水源保护区污染防治管理规定》《青海省饮用水水源保护条例》等相关法律法规，严格保护黑泉水库、纳川河地下水源地、第四水源地、第六水源地、多巴水源地、青石坡水源地和大华水源地7处水源保护区。

③将城市规划区范围内的基本农田保护区、自然保护区、风景名胜区、水源保护区、地质灾害高易发区以及坡度大于25°的山地纳入基本生

态控制线。基本生态控制线面积约 3 781 km²，占规划区面积的 75.04%，具体按照相关专项规划和市域空间管制的要求实施控制。禁建区包括河湖湿地、森林公园和风景名胜区核心景区、自然保护区的核心区和缓冲区、水源涵养区、土地利用总体规划所确定的基本农田保护区、饮用水水源一级保护区、水工程保护范围、地质灾害中高易发区、文物保护单位保护范围、工程建设不适宜区、大于 25° 的山地、行洪通道、防洪工程设施保护范围、高压输电线路走廊、天然气输送管线及其防护区、成品油输送管线及其防护区、区域性调水工程管线及其防护区等。禁建区范围内应禁止城镇建设行为，现有违法建设应限时拆除。规划区内禁建区面积为 3 871.97 km²，占规划区面积的 74.79%。限建区包括水滨保护地带、风景名胜区内除核心景区以外的地区、森林公园内除珍贵景物以外的地区、一般农地区、饮用水水源二级保护区、城镇隔离绿带、矿产资源密集区、地下文物埋藏区、生态林地、牧草地等。限建区范围内应以保护自然资源和生态环境为前提，制定相应的建设标准，严格控制建设规模和开发强度。规划区内限建区面积为 982.21 km²，占规划区面积的 18.97%。适建区指规划区内除禁建和限建以外的区域，主要分布在湟水河及其支流的河谷川道地区。适建区内城市建设应严格按照规划要求进行开发，优先满足基础设施用地和社会公益性设施用地需求，节约集约利用建设用地，改善人居环境质量，提高运营效率。规划区内适建区面积约 322.82 km²，占规划区面积的 6.24%。

（2）《西宁都市区 2030 年战略规划》相关要求

确定西宁市城市发展目标为绿色西宁、活力西宁、文化西宁、和谐西宁，将西宁建成更加繁荣、更加美丽、更加宜居、更加富有特色的青藏高原中心城市。主要相关内容如下：

①城市发展定位：青藏中心、地区枢纽、生态夏都、文化名城。面向青藏高原地区的现代服务业中心城市，青藏地区的生活服务中心；西北地区的旅游服务基地，青藏地区特色资源产业生产基地；青藏高原联系内地的战略性门户交通枢纽；省城经济格局的重点地区；生态宜居城市；历史

文化名城、青藏高原文化中心。

②城市发展战略：区域一体化战略（加强与兰州和海东的区域协作，构建"大西宁"都市区，引领东部城镇群协调发展和城乡统筹）；转型发展战略（调整产业结构，实现城市功能转型，实现绿色低碳发展、实现整体竞争力提升）；空间重构战略（调整城市空间结构，集约化发展，破解城市发展"瓶颈"）；特色彰显战略（突出高原城市风貌特色，建设文化名城、休闲之都）。

③城区空间发展时序：结合渐进式、跨越式的发展模式，中心城区发展时序采取"兼顾式"模式发展。即全面启动多巴新城的建设，同步完善优化甘河工业园区、南川工业园区的功能。围绕塔尔寺景区的建设，启动老城疏解等工作，逐渐疏解现有中心城区压力。

（3）《西宁市排水工程专项规划（2012—2030）》相关要求

规划年限为2012—2030年，规划范围为西宁市中心城区，即西宁主城区、海湖新区、多巴片区、西川新城、东川开发区、城南综合区、城南新区、教育科研产业区、塔尔寺旅游片区、甘河产业园区。主要相关内容如下：

①根据排水分区原则和现有排水分区情况，西宁市城市污水排水系统分为12个排水分区：城东排水分区、东川排水分区、城西排水分区、城北排水分区、城南排水分区、北川生物园排水分区、北川科教园排水分区、西川新城排水分区、多巴排水分区、甘河东区排水分区、甘河西区排水分区和鲁沙尔排水分区。

②规划污水处理厂布局采用相对分散的方式，以便有利于污水资源利用，达到高水高用、低水低用的目的。西宁市城市污水处理厂规划布局如下：

第一污水处理厂：位于西宁市城区东部团结桥东侧、八一路以北，湟水河南岸，主要负责接纳城北排水分区、城西排水分区、生物园分区污水和城东排水分区八一路以北区域污水。

第三污水处理厂：位于西宁市城区东部团结桥东侧、八一路以北，湟水河南岸，西北紧邻第一污水处理厂，负责接纳城北排水分区、城西排水分区、生物园分区污水和城东排水分区八一路以北区域污水。

第四污水处理厂：位于湟水路东侧，西川河北侧，五四西路南侧，京藏铁路东侧。负责接纳多巴排水分区、西川新城排水分区污水。

第五污水处理厂：位于北海公园东北角，兰新铁路二线东侧。负责接纳装备园、科教园排水分区污水。

第六污水处理厂：位于西宁市城区东部峡口收费站、八一路南侧，西临峡口路，东侧为山体，负责接纳城东排水分区及东川排水分区污水。

城南新区污水处理厂：位于城南新区北端，南川河东侧，紧邻南川河。负责接纳城南新区及南川工业园一区分区污水。

多巴污水处理厂：位于规划西宁市多巴综合片区东湟水河南岸，规划小寨路东侧，负责接纳多巴排水分区污水及甘河工业园东区现甘河东区污水厂以北部分污水。

甘河东区污水处理厂：位于甘河工业园区（区）北端，负责接纳甘河工业园区（东区）污水。

甘河西区污水处理厂：位于甘河工业园区（西区）北端经二路东侧、纬一路南侧，负责接纳甘河工业园区（西区）污水。

湟中县污水处理厂：位于湟中县北侧葛家寨村，距县城鲁沙尔镇6.5 km，负责接纳县城区和海马泉生活区污水。

目前上述规划污水处理厂，除多巴污水处理厂外，其余的污水处理厂均已完成建设。


## 4.2 入河排污口制度管理现状

### 4.2.1 法律法规

为了保护水环境，合理开发利用水资源，预防和治理水生灾害，充分发挥水资源的综合效益，适应于社会发展和人民的生活需要，国家制定并颁布了水资源保护最为重要的专门性法律《水法》。《水法》对水资源开发利用、规划和保护，以及对水事件纠纷处理与监督执法检查，水资源的节约利用和分配，法律责任等做出了详细规定。此外，我国涉及水资源保护的其他重要法律法规主要有《环境保护法》（2014 年修订）、《水污染防治法》（2008 年修订）、《防洪法》（1997 年）、《水土保持法》（1991 年）等；根据《水法》，国务院先后制定了《河道管理条例》（1988 年）、《防汛条例》（1991 年）、《取水许可制度实施办法》（1993 年）、《水功能区管理办法》（2000 年）、《入河排污口监督管理办法》（2004 年）等行政法规。

《水法》《水污染防治法》《河道管理条例》确立了入河排污口设置审批制度的法律地位。目前，我国对入河排污口设置审批实施分级管理，按权限审批。2005 年 1 月 1 日起实施的《入河排污口监督管理办法》对入河排污口设置申请、论证、审批、决定、登记做出了规定。为了进一步强化入河排污口管理工作，水利部先后下发了《关于加强入河排污口管理工作的通知》（水利部水资文〔1998〕569 号）、《关于进一步加强水资源保护工作的通知》（水利部水资源〔2001〕50 号）、《关于加强入河排污口监督管理工作的通知》（水利部水资源〔2005〕79 号），从制度上完善了入河排污口管理体系并对档案制度和统计制度进行了明确。2011 年6 月，《入河排污口管理技术导则》（SL 532—2011）颁布实施，细化了我国入河排污口的管理流程。

## 4.2.2 法律责任

（1）河道所在地政府是水环境保护主体

《水污染防治法》第四条："县级以上人民政府应当采取防治水污染的对策措施，对本行政区的水环境质量负责。"第五条："国家实行水环境保护目标责任制和考核评价制度，将水环境保护目标完成情况作为地方人民政府及其负责人考核评价内容"。上述法条明确地方政府是河道水质管理的责任主体，对水环境质量负责。

（2）环境保护行政主管部门对排污口水质管理的职责

《水污染防治法》第二条："本法适用于中华人民共和国领域内的江河、湖泊、运河、渠道、水库等地表水体以及地下水体的污染防治。"第八条："县级以上人民政府环境保护主管部门对水污染防治实施统一监督管理。县级以上人民政府水行政、国土资源、卫生、建设、农业、渔业等部门以及重要江河、湖泊的流域水资源保护机构，在各自的职责范围内，对有关水污染防治实施管理。"第二十二条："向水体排放污染物的企业事业单位和个体工商户，应当按照法律、行政法规和国务院环境保护主管部门的规定设置排污口；在江河、湖泊设置排污口的，还应当遵守国务院水行政主管部门的规定。"

《水法》第三十四条明确规定："在江河、湖泊新建、改建或者扩大排污口，应当经过有管辖权的水行政主管部门或者流域管理机构同意，由环境保护行政主管部门负责对该建设项目的环境影响报告书进行审批。"对《水污染防治法》和《水法》的解读中可以得出 3 点结论：一是《水污染防治法》所称水体除地下水体外，是指江河、湖泊、运河、渠道、水库等地表水体，入河排污口是向地表水体排放污染物的主要渠道；二是环境保护行政主管部门是水污染防治的执法主体，对水污染防治实施统一的监督管理，环境保护行政主管部门管理的排放口是指排污单位场界外的排放口；三是入河排污口设置的审批权由水行政主管部门审查，排污性质和排污标准由环境保护行政主管部门决定。

（3）水行政主管部门在水资源保护工作中的监管职责

《水法》第三十条规定："县级以上人民政府水行政主管部门、流域管理机构，以及其他有关部门在制定水资源开发、利用规划和调度水资源时，应当注意维持江河的合理流量和湖泊、水库以及地下水的合理水位，维护水体的自然净化能力。"第三十二条规定，"由水行政主管部门拟定水功能区划，同时按照水功能区对水质的要求和水体的自然净化能力，核定该水域的纳污能力，向环境保护行政主管部门提出该水域的限制排污总量意见。"《水污染防治法》第十七条:"建设单位在江河、湖泊新建、改建、扩建排污口的,应当取得水行政主管部门或者流域管理机构同意。"《入河排污口监督管理办法》第十八条规定:"县级以上地方人民政府水行政主管部门应当对饮用水水源保护区内的排污口现状情况进行调查,并提出整治方案报同级人民政府批准后实施。"水行政主管部门对入河排污口管理的主要职责为:一是保证排污口的设置不影响防洪安全;二是根据水域的纳污能力,审查是否可以容纳入河排污口所排放的达标污水;三是在制定水资源开发利用规划和调度水资源时,保持河流的正常流量和湖泊、水库以及地下水的合理水位,维护水体的自身净化能力;四是对水功能区的水质状况进行监测,发现不正常情况及时报告有关人民政府并通报环境保护行政主管部门;五是特别情况下对排污提出限制性要求;六是对擅自在江河、湖泊新建、改建或者扩大排污口的,依据职权进行处理。上述有些职责,在2018年政府机构改革中已进行调整划转到生态环境管理部门。

### 4.2.3 入河排污口

根据调查西宁市水域内现有、在建、拟建取水口、入河排污口分布和取水、排污状况,规模以上(日排放废污水量300 t或年排放量10万t)入河排污口数量、所在位置、排入水体、排放规模、排放物质、入河方式、废污水排放量等基本情况,形成湟水流域西宁段入河排污口现状信息库和排污口一览图,见图4-1。经调查,西宁市现状入河排污口59个,其中,规模以上16个,主要是城镇污水处理厂;规模以下43个,主要是农村生活污水排放口和箱涵排放口等,经统计,2017年废污水排放量约14 028万t。

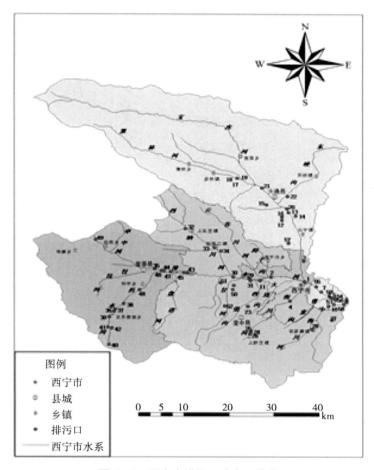

图 4-1 西宁市排污口分布一览图

表 4-2 西宁市污水处理厂建设情况一览表

| 类别 | 名称 | 规模/(万 m³/d) | 备注 |
|------|------|----------------|------|
| 污水处理厂工程 | 第一污水处理厂 | 8.5 | 现状 |
| | 第二污水处理厂 | 4.25 | 现状 |
| | 第三污水处理厂 | 10 | 现状 |
| | 城南污水处理厂 | 2.25 | 现状 |
| | 第四污水处理厂 | 3 | 现状 |
| | 第四污水处理厂 | 3 | 扩建 |

| 类别 | 名称 | 规模 /（万 m³/d） | 备注 |
|---|---|---|---|
| 污水处理厂工程 | 第五污水处理厂 | 3 | 现状 |
| | 大通县污水处理厂 | 3 | 现状 |
| | 湟中县污水处理厂 | 0.5 | 现状 |
| | 湟中县污水处理厂 | 0.7 | 扩建 |
| | 湟源县污水处理厂 | 1.2 | 现状 |
| | 甘河东区污水处理厂 | 1 | 现状 |
| | 甘河西区污水处理厂 | 0.5 | 现状 |
| | 第六污水处理厂 | 10 | 新建 |
| | 第六污水处理厂（工业） | 2 | 现状 |
| | 多巴新城污水处理厂 | 4 | 规划 |
| 再生水工程 | 第一再生水处理厂 | 3.5 | 现状 |
| | 第四再生水处理厂 | 2 | 新建 |
| | 第五再生水处理厂 | 2 | 新建 |
| | 湟中县污水处理厂 | 0.3 | 新建 |
| | 大通县污水处理厂 | 1.5 | 新建 |
| | 甘河东区污水处理厂 | 0.5 | 现状 |
| | 甘河西区污水处理厂 | 0.5 | 现状 |
| | 第六再生水处理厂 | 4 | 规划 |
| | 城南再生水处理厂 | 1.2 | 规划 |

表 4-3　西宁市各区县排污口分布及入河排污情况

| 区县 | 西宁 | 大通 | 湟源 | 湟中 | 合计 |
|---|---|---|---|---|---|
| 个数 / 个 | 21 | 11 | 15 | 12 | 59 |
| 百分比 /% | 35.59 | 18.64 | 25.42 | 20.34 | 100.00 |
| 入河废污水量 / 万 t | 12 273.37 | 1 483.64 | 27.49 | 243.78 | 14 028.27 |
| 百分比 /% | 87.49 | 10.58 | 0.20 | 1.74 | 100.00 |

| 区县 | 西宁 | 大通 | 湟源 | 湟中 | 合计 |
|---|---|---|---|---|---|
| COD 排放量 /t | 4 595.30 | 725.87 | 84.04 | 146.27 | 5551.47 |
| 百分比 /% | 82.78 | 13.08 | 1.51 | 2.63 | 100.00 |
| 氨氮排放量 /t | 548.72 | 80.17 | 5.65 | 23.79 | 658.33 |
| 百分比 /% | 83.35 | 12.18 | 0.86 | 3.61 | 100.00 |
| 总磷排放量 /t | 70.38 | 9.48 | 1.58 | 2.75 | 84.19 |
| 百分比 /% | 83.60 | 11.26 | 1.88 | 3.27 | 100.00 |

表 4-4　各水系排污口分布情况

| 河湖名称 | 个数 / 个 | 占比 / % | 入河废污水量 / (万 /t) | 占比 / % | COD 排放量 / t | 占比 / % | 氨氮排放量 / t | 占比 / % | 总磷排放量 / t | 占比 / % |
|---|---|---|---|---|---|---|---|---|---|---|
| 湟水河 | 26 | 44.07 | 10 656.73 | 75.97 | 4 051.96 | 72.99 | 501.14 | 76.12 | 65.00 | 77.21 |
| 北川河 | 8 | 13.56 | 2 555.34 | 18.22 | 1 203.72 | 21.68 | 127.09 | 19.30 | 14.14 | 16.79 |
| 药水河 | 8 | 13.56 | 16.77 | 0.12 | 10.06 | 0.18 | 2.52 | 0.38 | 0.25 | 0.30 |
| 南川河 | 4 | 6.78 | 286.86 | 2.04 | 36.11 | 0.65 | 3.60 | 0.55 | 0.51 | 0.60 |
| 黑林河 | 3 | 5.08 | 22.05 | 0.16 | 13.22 | 0.24 | 2.46 | 0.37 | 0.27 | 0.32 |
| 西纳川河 | 3 | 5.08 | 16.05 | 0.11 | 9.63 | 0.17 | 2.41 | 0.37 | 0.24 | 0.29 |
| 教场河 | 2 | 3.39 | 110.00 | 0.78 | 69.60 | 1.25 | 1.52 | 0.23 | 1.33 | 1.58 |
| 小南川河 | 2 | 3.39 | 10.73 | 0.08 | 6.44 | 0.12 | 1.61 | 0.24 | 0.16 | 0.19 |
| 东峡河 | 1 | 1.69 | 1.25 | 0.01 | 3.93 | 0.07 | 0.12 | 0.02 | 0.02 | 0.02 |
| 甘沟河 | 1 | 1.69 | 170.00 | 1.21 | 37.30 | 0.67 | 1.28 | 0.19 | 0.44 | 0.52 |
| 西堡沟 | 1 | 1.69 | 182.50 | 1.30 | 109.50 | 1.97 | 14.60 | 2.22 | 1.83 | 2.17 |
| 合计 | 59 | 100.00 | 14 028.27 | 100.00 | 5 551.47 | 100.00 | 658.33 | 100.00 | 84.19 | 100.00 |

# 4.3 湟水流域西宁段污染物削减策略

## 4.3.1 水环境质量目标要求

（1）指标体系

《地表水环境质量标准》（GB 3838—2002）表 3-2 中的 21 项指标（不包括水温、粪大肠菌群、总氮）。

（2）规划目标

总体目标：到 2020 年，湟水流域出境控制断面水质稳定达到Ⅳ类并向好发展，力争Ⅲ类水质比例达到 50% 以上。地级城市建成区黑臭水体控制在 10% 以内，地级城市集中式饮用水水源水质达到或优于Ⅲ类的比例达到 100%，县级以上城镇集中式饮用水水源水质达到或优于Ⅲ类的比例达到 95% 以上。

目标指标：大力实施污染治理、防洪泄洪、景观休闲、生态建设为一体的综合治理工程，通过控污减排、生态恢复、景观治理、水环境容量扩容等综合手段实现水质达标和上游河流清水入城。加强水环境监管能力建设，完善水质监控网络和措施，提高水环境管理水平（表 4-5）。

表 4-5　水环境质量目标指标

| 规划指标 | | 2015 年 | 2020 年 | 指标属性 |
|---|---|---|---|---|
| （一）环境质量指标 | | | | |
| （1）干流水环境质量 | 湟水流域出境控制断面（民和桥） | Ⅳ类 | 稳定达到Ⅳ类，且Ⅲ类以上水质≥50% | 约束性 |
| | 金滩断面 | Ⅱ类 | Ⅱ类 | 约束性 |
| | 扎马隆断面 | Ⅱ类 | Ⅱ类 | 约束性 |
| | 小峡桥断面 | 劣Ⅴ类 | Ⅳ类 | 约束性 |
| | 湟水流域劣Ⅴ类水质比例 | 31.60% | — | 约束性 |

| 规划指标 | | 2015 年 | 2020 年 | 指标属性 |
|---|---|---|---|---|
| （2）重点支流水环境质量 | 大通河（峡塘断面） | Ⅱ类 | Ⅱ类 | 约束性 |
| | 北川河（润泽桥断面） | Ⅳ类 | Ⅲ类 | 约束性 |
| | 南川河（七一桥断面） | 劣Ⅴ类 | Ⅳ类 | 约束性 |
| | 沙塘川河（三其桥断面） | Ⅳ类 | Ⅳ类 | 约束性 |
| | 引胜沟（土官口断面） | 劣Ⅴ类 | Ⅳ类 | 约束性 |
| （3）饮用水水源地水质指标 | 地级城市集中式饮用水水源水质达到或优于Ⅲ类的比例 | 100% | 100% | 预期性 |
| | 县级以上城镇集中式饮用水水源水质达到或优于Ⅲ类的比例 | — | ≥95% | 预期性 |
| （4）黑臭水体控制指标 | 地级城市建成区黑臭水体比例 | — | 10% | 约束性 |
| （二）生态水量指标 | | | | |
| "引大济湟"年补给河道生态水量 | | — | 0.95 亿 m³ | 预期性 |
| （三）其他指标 | | | | |
| 2017 年年底前，流域范围内所有工业园区（工业集聚区）工业废水集中处理设施建成运行，并安装自动在线监控装置。所有涉水重点企业全面达标排放 | | | | |
| 2017 年年底前，全面完成湟水流域畜禽养殖禁养区、限养区划定工作 | | | | |
| 2020 年年底前，依法关闭或搬迁列入关停名单的畜禽养殖场（小区）和养殖专业户 | | | | |

## 4.3.2 水污染物预测

（1）水污染物控制因子

根据国家水污染物排放总量控制指标及湟水流域水污染现状，选择 COD 和氨氮作为水污染物预测和水环境容量计算的主要控制因子。

（2）水污染物排放量预测

COD 和氨氮总量预测包括工业、人居生活、农业源三部分，预测口径以污染源普查动态更新后的口径为准。新增量采用排放强度法和产污系数法两种方法进行预测，其中工业 COD 和工业氨氮采用排放强度法预测，生活 COD 和氨氮采用产污系数法预测，农业 COD 和氨氮采用 2015 年数据。

### 4.3.3 输入响应关系分析

（1）河流主要类型

控制单元所在的湟水流域由湟水干流及若干支流组成。主要纳污河流有湟水干流及北川河、南川河、沙塘川河等支流。

（2）河流污染特征

湟水流域地表径流的时空分布极不均匀，且年际变化小，而主要污染源却相对集中在中游（主要为西宁段），形成了区域性、周期性污染严重的特征。其中小峡桥断面是反映河流污染状况的关键性控制断面。

（3）模拟模型的选择

控制单元纳污能力（水环境容量）计算方法选用《水域纳污能力计算规程》（SL 348—2006）中一维水质模型。计算公式为

$$M =[C_s - C_0 \exp(-kL / u)]\exp(kL / 2 / u)Q_r$$

式中，$M$——污染物每秒最大允许入河量，g/s；

　　　$Q_r$——设计流量，m³/s；

　　　$C_s$——计算单元控制断面污染物浓度（水质目标值），mg/L；

　　　$C_0$——计算单元起始断面污染物浓度（水质目标值），mg/L；

　　　$k$——某污染物综合降解系数，1/d；

　　　$L$——河段，m；

　　　$u$——设计流速，m/s。

（4）设计条件

①选用近 10 年平均流量、90% 保证率最枯月流量、逐月平均流量分别作为设计流量。

②利用各水文站实测流量、流速资料，建立流量—流速关系曲线，分

析计算设计流量下的断面平均流速。

③综合降解系数（$k$ 值）通过实验及相关研究项目成果获得，其中 COD $k$ 值取 0.35（$d^{-1}$）、氨氮 $k$ 值取 0.30（$d^{-1}$）。

④各控制单元的起始浓度选取邻近上一控制单元的水质规划目标，控制浓度选择该控制单元的水质规划目标。

⑤河流源头的Ⅰ、Ⅱ类功能水域（在饮用水水源区不容许排污）不进行容量计算。

## 4.3.4　模拟结果及污染物排放分解指标

参考在近 10 年平均流量和流速条件下，模拟所得控制单元水环境容量结果，结合水环境功能目标和经济发展规划等技术经济条件，制定切实可行的水污染削减方案，使河流水质在"十三五"末达到规划水质目标。

（1）污染物排放控制条件

污染物排放总量控制是在以下计算条件下得到的：

①以 2020 年为目标年。

②控制单元水质达到"十三五"规划水质类别。

（2）污染物排放分解指标

依据各控制单元 COD 和氨氮的水环境容量模拟结果，"十三五"规划目标及"十三五"水污染物预测排放量，计算得出 2020 年各控制单元 COD、氨氮总量分解指标及总量削减任务。在近 10 年平均流量和流速为设计条件下，2020 年控制单元 COD、氨氮总量分解指标见表 4-6，2020 年湟水流域 COD、氨氮最低应削减量分别为 40 374.46 t、4 950.14 t，其结果作为制定控制单元水污染防治综合治理方案及所设项目依据之一。在近 10 年 90% 保证率最枯月、逐月平均流量和流速条件下，模拟所得各控制单元 COD、氨氮容量仅用于比较分析。

由表 4-6 分析可知，2020 年西宁市区、大通县、互助县和民和县 COD 和氨氮产生量明显高于其纳污能力，COD 应削减率分别为 65.6%、89.8%、

80.9%、55.5%，氨氮应削减率分别为 85.5%、94.5%、84.5%、71.8%。因此，上述地区是水环境综合治理的重点区域。

表 4-6　2020 年控制单元内各城镇 COD、氨氮控制量分解指标

| 控制单元 | COD | | | | 氨氮 | | | |
|---|---|---|---|---|---|---|---|---|
| | 排放量 /（t/a） | 纳污能力 /（t/a） | 最低应削减量 /（t/a） | 最低应削减率 /% | 排放量 /（t/a） | 纳污能力 /（t/a） | 最低应削减量 /（t/a） | 最低应削减率 /% |
| 湟水海晏 | 632.27 | 463 | 169.27 | 26.77 | 76.58 | 40.8 | 35.78 | 46.72 |
| 湟水湟源 | 2 056.17 | 1 516.4 | 539.77 | 26.25 | 145.51 | 64.9 | 78.61 | 54.78 |
| 湟水湟中 | 6 839.98 | 7 719.1 | -879.12 | 0 | 475.95 | 375.0 | 100.95 | 21.21 |
| 湟水西宁市区 | 37 212.23 | 13 549.2 | 23 665.03 | 65.59 | 3 925.64 | 648.6 | 3 277.04 | 85.48 |
| 湟水大通 | 9 080.57 | 929.2 | 8 151.37 | 89.77 | 724.05 | 39.8 | 684.25 | 94.50 |
| 湟水互助 | 6 459.79 | 1 237.0 | 5 222.79 | 80.85 | 382.41 | 59.4 | 325.01 | 84.47 |
| 湟水平安 | 4 759.46 | 3 151.4 | 1 608.06 | 35.79 | 272.79 | 135.1 | 137.69 | 50.47 |
| 湟水乐都 | 5 497.06 | 7 056.7 | -1 559.64 | 0 | 312.3 | 302.4 | 9.9 | 5.17 |
| 湟水民和 | 6 230.03 | 2 771.1 | 3 458.93 | 55.52 | 421.71 | 118.8 | 302.91 | 71.83 |
| 总计 | 78 767.56 | 38 395.1 | 40 374.46 | 51.26 | 6 734.94 | 1 784.8 | 4 950.14 | 75.50 |

## 4.3.5　西宁市污染物削减分析

（1）湟源县污染物分析

由图 4-2 和图 4-3 可知，湟水湟源控制单元 COD 和氨氮变化曲线波动小，由于纳污能力差，相应削减率均比较高。特别是氨氮即使在 9 月，

其削减率达到 56% 才能实现规划水质目标。湟源控制子单元处于湟水西宁段上游,在保证污水处理厂正常稳定运行情况下,所辖工业区废水集中处理后进一步提高回用率,基本能实现河流达标。

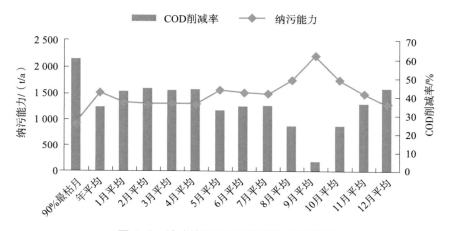

图 4-2 湟水湟源 COD 污染物控制分析

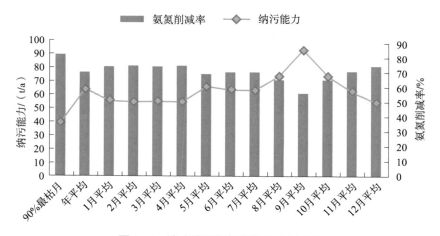

图 4-3 湟水湟源氨氮污染物控制分析

（2）湟中区污染物分析

由图 4-4 和图 4-5 可知,湟水湟中控制单元水环境容量大,只需在 12 月 COD 削减 22%,基本全年能达到规划目标;在丰水期氨氮削减压力相对不大，要进一步加强管网建设和保证污水处理厂正常稳定运行，加大枯水期氨氮削减力度。同时，要严格重金属、化工等行业特征污染因子控制，防范水环境风险。

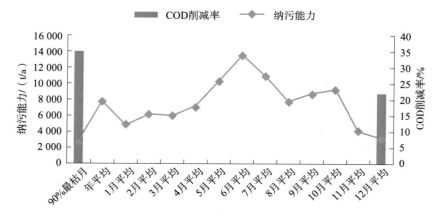

图 4-4　湟水湟中 COD 污染物控制分析

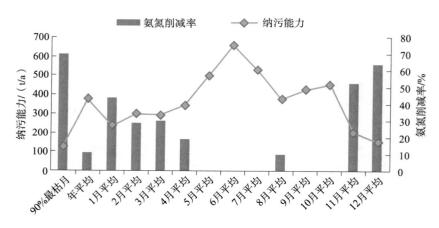

图 4-5　湟水湟中氨氮污染物控制分析

（3）西宁市区污染物分析

西宁市城区是水污染治理的重点区域，湟水西钢桥至小峡桥，北川河、南川河和沙塘川河西宁段的现状水质差，而水环境容量有限，COD、氨氮削减任务重。由图 4-6 和图 4-7 可知，COD 削减压力低于氨氮。除

8—10 月情况略好，其他月份氨氮削减率基本要高于 50% 以上，才能达到规划目标。

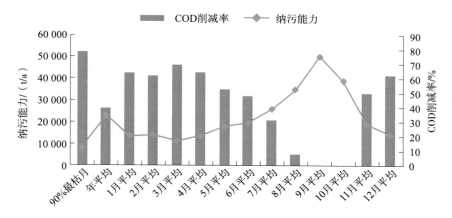

图 4-6　湟水西宁市城区 COD 污染物控制分析

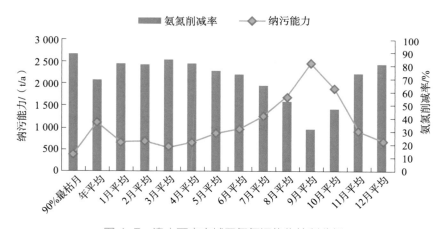

图 4-7　湟水西宁市城区氨氮污染物控制分析

　　因此，优先考虑西宁市污水处理厂（含排水管网）的建设，以及再生水回用。重点企业应在稳定达标排放的基础上，逐步提高废水重复利用率，加大减排力度。为保证国控断面小峡桥水质改善，应考虑对西宁第一、第三污水处理厂尾水通过人工湿地做进一步处理。完善环境风险机制，全面提高水环境风险防范能力。

（4）大通县污染物分析

湟水大通控制单元内北川河水环境容量小。由图 4-8 可知，COD 削减压力大，9 月削减率达 74% 才能实现规划目标。由图 4-9 可知，氨氮削减压力依然很大，在丰水期削减率高于 89% 以上。因此，要进一步加强管网建设，保障污水处理厂稳定运行，加大废水深度处理及回用力度，适时提高区域排放标准。

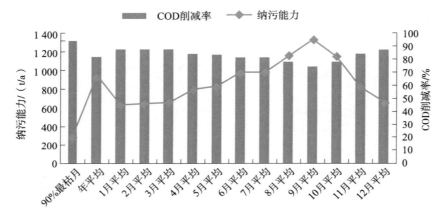

图 4-8　湟水大通 COD 污染物控制分析

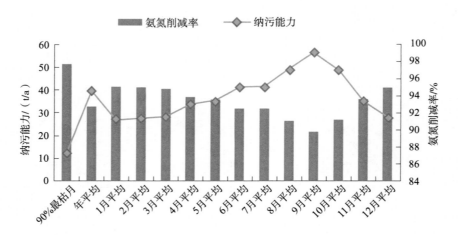

图 4-9　湟水大通氨氮污染物控制分析

## 4.3.6 水污染物削减综合分析

在近 10 年平均流量和流速为设计条件下，湟水流域 COD 和氨氮的纳污量分别为 38 395.1 t/a、1 784.8 t/a；即使污水处理设施运行效率提高，COD 和氨氮仍需要新增工程进行削减，特别是在每年的枯水期和平水期，各控制单元的氨氮污染物削减量大。因此，控制单元氨氮污染物的总量控制是"十三五"期间湟水流域防治工作的重中之重。

"十三五"期间，西宁市区、大通县控制单元主要水污染排放明显大于其纳污能力，需要加快实施骨干工程以保障规划目标实现。

当前，"引大济湟"调水工程稳步推进，预测未来每年调水 $7.5 \times 10^8$ m³，其中供给生态用水 $5.13 \times 10^8$ m³，如果生态用水全部流经北川河和湟水干流，可为北川河和湟水干流（湟水西宁段）分别增加 COD 环境容量约为 1 565 t/a，氨氮环境容量约为 156.5 t/a。

# 4.4 入河排污口设置策略

## 4.4.1 入河排污口分类

根据《入河排污口管理技术导则》（SL 532—2011）（以下简称《导则》）现有入河排污口根据废水性质分为：①工业废水入河排污口，指接纳企业生产废水的入河排污口；②生活污水入河排污口，指接纳生活污水的入河排污口；③混合废水入河排污口，指接纳市政排水系统废污水或污水处理厂尾水的入河排污口。

在对西宁市入河排污口现状调查中发现，目前存在的主要排污口类型有工业园区或企业排污口（含处理后或直排口门）、城镇、农村生活污水排污口未经处理非集中排放）、雨污混合排污口（含建成区的合流制口门、农村雨水污水混合排放口）、城市生活污水处理厂排污口、入河涵闸口门、规模化畜禽养殖排污口和企业利用雨水管网排放污水等。按照《导则》难以较为明确地分类，同时《导则》中生活污水入河排污口与混合废污水排污口定义存在重合现象。

## 4.4.2　入河排污口设置原则

①保护优先、预防为主、防治结合的原则。加强重要功能区的保护，加快对受破坏地区的治理和恢复，确保水功能区水质达到目标要求。城镇建设和产业发展要符合生态保护的总体要求，确保"治旧控新"目标的实现和水环境质量的改善。

②统筹发展、重视协调的原则。以人水和谐为主线，着眼于区域未来的可持续发展，遵循自然客观规律和经济发展规律，坚持环境保护与经济发展同步。

③实事求是、因地制宜的原则。从区域实际出发，根据其资源与生态环境特征、社会经济发展水平和存在的主要问题，科学合理规划，提出符合实际的准入条件。

## 4.4.3　入河排污口设置方案

（1）设置分区

以青海省水功能区划成果为基础，综合其他法律法规的要求，将水功能区划分为禁止排污区、严格限制排污区和一般限制排污区3类。

①禁排区。禁止排污区为对水质保护要求极高的水域，包括饮用水水源保护区（一级、二级保护区）、水功能区一级区划中的保护区、自然保护区、风景名胜区、水产种质资源保护区以及其他法律法规明令禁止设置入河排污口的水域。

②严格限排区。严格限排区是对水质保护要求较高的水域，包括与禁排区水域联系比较密切的上游相邻功能区，水质保护要求较高的保留区、缓冲区、水功能区二级区划中饮用水水源区（饮用水水源一、二级保护区除外）和过渡区，现状污染物入河量达到或超过水功能区限制排污总量的

水域，现状水质评价不达标的水功能区，重要湿地，规划期或从长远考虑具有保护意义的河流、湖库等水域。

③一般限排区。一般限排区为上述水域之外，其现状污染物入河量明显低于水功能区限制排污总量，尚有一定纳污空间的水域。

（2）设置准则

通过污染源整治，污水处理设施的新建、改建，污水收集率的提高，排污口封堵，入河污染物将会减少，河道水环境质量得到改善。根据功能区水质变化情况，一般每 5 年对入河排污口设置区域进行一次调整，以适应社会经济发展需求。

①一般限排区：在允许设置入河排污口区域，该河段功能区连续两年年度水质达标，且主要特征污染物浓度未达到该功能区控制水质类别范围上限。一般限排区可新建、改建、扩建入河排污口，但新增污染物排放量不超过其环境容量。

②严格限排区：在允许设置入河排污口区域，功能区水质没有连续两年达到目标要求。严格限排区可新增入河排污口，但排放的废水中所含有河道超标污染物应低于排入河段水功能区水质类别限制，其他污染物应满足该河段环境容量要求；改建的排污口必须削减污染物排放量。

③禁排区：依法不得设置入河排污口的区域，已有的排污口应拆除。

## 4.4.4　入河排污口设置布局

西宁市入河排污口设置水域分区共涉及 28 个水功能区（含开发利用区），其中，湟水湟源过渡区包含严格限排区和禁排区（以盘道河汇入口为分界点），因此，共划分河段 29 段。禁止排污区涉及水功能区 10 个，严格限制排污区涉及水功能区 9 个，一般限制排污区涉及水功能区 10 个（表 4-7）。

其中，禁止排污区共涉及 10 个水功能区，划分河长 225.86 km，敏感区涉及大通北川河源区自然保护区、黑泉水库水源保护区、大华水源地保护区、青石坡水源地保护区。

表 4-7　入河排污口设置布局分区统计　　　　单位：个

| 水功能区类型 | | 禁止排污区个数 | 严格限制排污区个数 | 一般限制排污区个数 | 合计 |
|---|---|---|---|---|---|
| 保护区 | | 10 | 0 | 0 | 10 |
| 保留区 | | 0 | 0 | 0 | 0 |
| 缓冲区 | | 0 | 0 | 0 | 0 |
| 开发利用区 | 工业 | 0 | 4 | 2 | 6 |
| | 农业 | 0 | 0 | 7 | 7 |
| | 景观 | 0 | 2 | 1 | 3 |
| | 饮用 | 0 | 1 | 0 | 1 |
| | 过渡 | 0 | 1 | 0 | 0 |
| | 控制 | 0 | 1 | 0 | 1 |
| 合计 | | 10 | 9 | 10 | 29 |

严格限制排污区共涉及 9 个水功能区，河长 126.95 km，在水功能区中分布于开发利用区。其中，工业用水区 4 个、景观用水区 2 个、饮用水水源区 1 个、过渡区 1 个、控制区 1 个。

一般限制排污区共涉及 10 个水功能区，划分河长 177.73 km，在水功能区中分布于开发利用区。其中，农业用水区 7 个、工业用水区 2 个、景观用水区 1 个。

禁止排污区、严格限制排污区、一般限制排污区划分河长分别占划分总数的 42.57%、25.93%、35.50%。由于同一水功能区可能涉及不同敏感区和非敏感区，排污布局分区将根据同一水功能区中不同敏感区或非敏感区河段长占比确定。

西宁各区县入河排污口设置布局考虑如下：

（1）城东区

城东区分区涉及 2 个一级水功能区，分别是湟水西宁开发利用区和沙塘川互助开发利用区。其中，严格限制排污区涉及 3 个二级水功能区，河段长 21 km，分别涉及湟水西宁景观娱乐用水区、湟水西宁城东工业用水区、湟水西宁排污控制区。划定依据为湟水西宁景观娱乐用水区、湟水西宁城东工业用水区、湟水西宁排污控制区涉及西宁湟水国家级湿地公园；一般限制排污区涉及 1 个二级水功能区，为沙塘川互助工业用水区。

（2）城西区

城西区分区涉及 1 个一级水功能区，是南川湟中开发利用区。其中，严格限制排污区涉及 3 个二级水功能区，河段长 35.2 km，分别涉及湟水西宁城西工业用水区、南川西宁工业用水区、南川西宁景观娱乐用水区。划定依据为湟水西宁城西工业用水区涉及西宁湟水国家级湿地公园，南川西宁工业用水区、南川西宁景观娱乐用水区近 3 年水质出现不达标情况。一般限制排污区涉及 1 个二级水功能区，河段长 36.4 km，为南川湟中农业用水区。

（3）城北区

城北区分区涉及 2 个一级水功能区，分别是北川大通开发利用区和云谷川湟中开发利用区。其中，严格限制排污区不涉及。一般限制排污区涉及 3 个二级水功能区，分别涉及北川大通工业用水区、北川西宁景观娱乐用水区和云谷川湟中农业用水区。

综上所述，整个西宁城区分区涉及 5 个一级水功能区，分别是北川大通开发利用区、湟水西宁开发利用区、南川湟中开发利用区（城西）、沙塘川互助开发利用区、云谷川湟中开发利用区，河段长 138.06 km。严格限制排污区和一般限制排污区划分河长分别占划分总数的 35.10% 和 64.90%。

其中，严格限制排污区涉及 6 个二级水功能区，河段长 48.46 km，分别涉及湟水西宁城西工业用水区、湟水西宁景观娱乐用水区、湟水西宁城东工业用水区、湟水西宁排污控制区、南川西宁工业用水区、南川西宁景观娱乐用水区。划定依据为湟水西宁城西工业用水区、湟水西宁景观娱乐用水区、湟水西宁城东工业用水区、湟水西宁排污控制区涉及西宁湟水国家级湿地公园；南川西宁工业用水区、南川西宁景观娱乐用水区近 3 年水质出现不达标情况。

一般限制排污区涉及 5 个二级水功能区，河段长 89.61 km，分别涉及北川大通工业用水区、北川西宁景观娱乐用水区、南川湟中农业用水区、沙塘川互助工业用水区、云谷川湟中农业用水区。

（4）湟中县

湟中县分区涉及 7 个一级水功能区，分别是甘河沟湟中开发利用区、湟水西宁开发利用区、云谷川湟中开发利用区、南川湟中开发利用区、盘道河湟中开发利用区、西纳川湟中开发利用区、小南川湟中开发利用区，河段长 208.64 km。禁止排污区、严格限制排污区和一般限制排污区划分河长分别占划分总数的 31.07%、35.25% 和 35.67%。

其中，禁止排污区涉及 4 个二级水功能区，河段长 64.83 km，分别涉及甘河沟湟中饮用水水源区、湟水湟源过渡区、湟水西宁饮用水水源区、盘道河湟中农业用水区。划定依据为甘河沟湟中饮用水水源区、湟水湟源过渡区、盘道河湟中农业用水区涉及青海大通北川河源区国家级自然保护区；湟水西宁饮用水水源区和甘河沟湟中饮用水水源区涉及多巴水源地保护区和青石坡水源地保护区。

严格限制排污区涉及 2 个二级水功能区，河段长 69.38 km，分别涉及西纳川湟中饮用水水源区和甘河沟湟中工业用水区。划定依据为西纳川湟中饮用水水源区涉及西宁湟水国家级湿地公园和纳川河地下水水源地保护区，甘河沟湟中工业用水区近 3 年水质出现不达标情况。

一般限制排污区涉及 3 个二级水功能区，河段长 74.43 km，分别涉及云谷川湟中农业用水区、南川湟中农业用水区、小南川湟中农业用水区。

（5）湟源县

湟源县分区涉及 4 个一级水功能区，分别是湟水西宁开发利用区、药水河湟源开发利用区、拉拉河湟源源头水保护区、拉拉河湟源开发利用区，河段长 62.10 km。禁止排污区、严格限制排污区和一般限制排污区的河长分别占划分总数的 48.53%、14.67% 和 36.80%。

其中，禁止排污区涉及拉拉河湟源源头水保护区和 2 个二级水功能区，分别涉及湟水湟源过渡区（盘道河汇入口—扎麻隆段）和拉拉河湟源饮用水水源区，河段长 30.14 km。划定依据为拉拉河湟源源头水保护区和湟水湟源过渡区（盘道河汇入口—扎麻隆段）涉及青海大通北川河源区国家级自然保护区；拉拉河湟源饮用水水源区涉及大华水源地保护区。

严格限制排污区涉及湟水湟源过渡区（盘道河汇入口—扎麻隆段），河段长 9.11 km。划定依据为湟水湟源过渡区（湟源县—盘道河汇入口段）涉及过渡区。一般限制排污区涉及药水河湟源农业用水区，河段长 22.85 km。

（6）大通县

大通县分区涉及 6 个一级水功能区，分别是北川大通开发利用区、北川大通源头水保护区、东峡河大通开发利用区、黑林河大通开发利用区、黑林河大通源头水保护区、南川湟中开发利用区，河段长 215.15 km。禁止排污区、严格限制排污区和一般限制排污区划分河长分别占划分总数的69.96%、1.08% 和 28.96%。

其中，禁止排污区涉及北川大通源头水保护区和黑林河大通源头水保护区，以及 2 个二级水功能区，分别涉及北川大通饮用水水源区和东峡河大通饮用水水源区，河段长 149.12 km。划定依据主要涉及青海大通北川河源区国家级自然保护区和黑泉水库水源保护区。

严格限制排污区涉及南川西宁景观娱乐用水区，河段长 2.30 km，划定依据为近 3 年水质出现不达标情况。

一般限制排污区涉及 3 个二级水功能区，河段长 61.73 km，分别涉及北川大通工业用水区、东峡河大通农业用水区和黑林河大通农业用水区。


# 4.5　入河排污口管理策略


## 4.5.1　明确责任主体

根据西宁市直各部门、各县（区）人民政府、工业园区管委会的职能职责，结合入河排污口设置布局具体要求，各单位应结合实际做好如下工作。市水务局负责指导入河排污口设置布局和监督管理工作；负责组织指导市域内水功能区的划分并监督实施；市环保局负责指导入河排污口监测监控体系的建立工作，负责定期通报入河排污口水污染防治和监督监测有关情况；市城乡规划和建设局在负责城乡规划区内给排水等市政基础设施的规划建设审核中严把入河排污口设置关；市湟投公司在开展全市排水管网建设和运营中，依据管理要求，建设手续完备的入河排污口，经营中发现非法入河排污口时进行封堵取缔。各县（区）人民政府、工业园区管委会职责：负责组织开展入河排污口设置的分区整治和规范化建设；负责入河排污口设置布局和监督管理工作；负责对历史原因未进行审批的入河排污口的手续补办，负责所管辖区域河道设置新建、改建、扩建入河排污口的论证和审批；负责入河排污口信息全部录入国家水资源管理系统；负责对入河排污口进行监督监测，逐步建立规模以上入河排污口在线监测体系，定期向市环保局、水务局报告监测情况；负责对各部门履行入河排污口职责进行考核。各排污口设置单位应根据规划对自有入河排污口的达标排放、提标改造、监测、回用和整治等进行落实。

## 4.5.2  加强监督管理

（1）加强入河排污口设置论证

①按照《入河排污口监督管理办法》（水利部令  第 22 号），对于未在禁止排污区内现存的规模以上或周边环境敏感的入河排污口，且由于历史原因未进行入河排污口设置论证的，要补充开展入河排污口设置论证。论证要对入河排污口对应的废污水产生量、污水处理设施处理能力、纳污河湖纳污能力等因素进行整体考虑，结合水功能区的保护要求等，确定入河排污口设置是否合理。

②对入河排污口的新、改、扩建，均应按照《入河排污口监督管理办法》进行排污口设置论证，入河排污口设置论证的结论应作为入河排污口设置审批和管理的重要依据。

（2）严格入河排污口设置审批

各县（区）和工业园区主管部门在审批入河排污口设置申请时，应充分考虑受纳水域的纳污能力，重点关注资源保护要求和风险防控体系建设，按照入河排污口布设区划，实行分区分类审批。

①分区审批要求。

禁止排污区。禁止新批任何形式的入河排污口。

严格限制排污区。严格限制新设入河排污口。如确需新设入河排污口，应参照新设入河排污口论证结论，明确新排污总量，在通过同一水功能区内其他入河排污口关停或排污削减腾挪出水域纳污容量后，再予以批准设置，以不新增水功能区入河污染物总量作为审批限制条件。

一般限制排污区。应按照项目清洁生产要求，合理核定入河排污口设置位置和排污量，维持水功能区水域功能。

②分类审批要求。

对于化工等重点监管排污项目，应明确提出废污水处理工艺先进性的要求，严格限制污染物入河量和污染物种类，尽可能少排或零排。通过园区污水处理厂排放的，应将园区污水处理厂纳入入河排污口设置论证范围。

对于城镇污水处理厂类项目，应明确污水构成及对区域减排的效果，重点关注处理工艺的可靠性和建设的合理性，并提出中水回用、提标升级等减少入河排放量的要求。

对于火力发电类项目，应甄别排水污染物类型，如对受纳水域存在水质污染和热污染，其入河排污口设置应纳入审批。

③历史原因未进行审批的入河排污口审批要求。

在 2002 年 10 月 1 日前（《水法》施行前）已建成的入河排污口，按照分级管理权限进行登记。对 2002 年 10 月 1 日后建成的，未经所在县（区）和工业园区主管部门的设置同意，但其建设项目环境影响评价已经环境保护行政主管部门审批的入河排污口，综合考虑环境影响评价结论进行评估，对符合要求的按照权限补办手续，纳入所在县（区）和工业园区主管部门日常监管，对不符合要求的进行整治和规范（规模以下城镇生活污水处理厂入河排污口可适当简化程序）。2002 年 10 月 1 日以后建成的，未经所在县（区）和工业园区主管部门设置同意、其建设项目环境影响评价也未经环境保护行政主管部门审批的入河排污口，协同相关部门，责令拆除，恢复原状。

分类审批行业排污口。对于造纸、印染、化工、核电类重点监管排污项目，应明确提出废污水处理工艺先进性的要求，严格限制污染物入河量和污染物种类，尽可能少排或零排。通过园区污水处理厂排放的，应将园区污水处理厂纳入入河排污口设置论证范围。对于城镇污水处理厂类项目，应明确污水构成及对区域减排的效果，重点关注处理工艺的可靠性和建设的合理性，并提出中水回用、提标升级等减少入河排放量的要求。对于火力发电类项目，应甄别排水污染物类型，如对受纳水域存在水质污染和热污染，其入河排污口设置应纳入审批。

规范入河排污口建设。完善公告牌、警示牌、标志牌、缓冲堰板等入河排污口规范化建设；加大入河排污口的监督性监测和对重点河段的巡测力度，开展定期和不定期的现场监督检查，及时查处偷排和超标超量等未按批准文件排放的违法行为，形成执法高压态势；开展入河排污口监控能力建设规划，健全流域监控平台，完善常规监测和监督性监测措施，提高入河排污口监测监控能力，近期基本实现规模以上入河排污口监测的全覆盖，远期实现所有排污口监测监控的全覆盖。

（3）强化入河排污口监督执法

进一步强化入河排污口监督执法力度，开展水务、环保、规建等部门共同参与的联合监督执法行动，严厉查处各类违法排放行为，清理未依法办理审批手续的入河排污口，将所有入河排污口纳入监督管理范围。

①偷排和超标超量排放执法。加大入河排污口的监督性监测和对重点河段的巡测力度，开展定期和不定期的现场监督检查，及时查处偷排和超标超量等未按批准文件排放的违法行为，形成执法高压态势。

②非法入河排污口清理。全面清理没有办理审批手续的建设项目入河排污口，确保所有入河排污口均依法设置并纳入监管。

（4）建立健全监测监控体系

完善常规监测和监督性监测措施，建立规模以上入河排污口设置单位名录，对其排放污水的水质和水量进行监测，并建立排水监测档案，逐步实现规模以上入河排污口在线监测，提高入河排污口监测监控能力，入河排污口信息全部录入国家水资源管理系统。开展常规监测、监督性监测和在线监测时可考虑采取政府购买服务形式进行。

①常规监测。按照《水环境监测规范》（SL 219—2013）、《入河排污量统计技术规程》等技术要求，加大入河排污口的常规监测力度，逐渐实现规模以上入河排污口监测的全覆盖。

②监督性监测。各级监督主管部门应当按照入河排污口管理权限，将监督性监测作为监督管理的一项重要措施，根据入河排污口项目类型及排放规律，制定监督性监测方案，组织开展监督性监测。

③在线监测和数据共享。对规模以上入河排污口，逐步建立在线监测系统，实时监管入河排污口排污状态。在线监测数据应同时向水务、环保等监督单位公开公布，以便多方监管。

### 4.5.3　强化协调联动

各部门在落实好部门职责的同时，要充分协作，互相配合，依靠西宁市已构建的横向到边、纵向到底、河库渠全覆盖的河湖长制工作管理机制和市、县、乡、村四级河湖长组织体系进行日常监察监管，市河湖长制工作领导小组办公室不定期开展河湖长制工作落实情况监督检查，发现问题并督促相关部门落实问题整改。水务、环保、规建等部门建立有效的部门协作机制和监察执法联动机制，实现入河排污口的联合监管和信息共享，形成一级抓一级，层层抓落实的工作格局。

### 4.5.4　严格责任考核

各县（区）人民政府、工业园区管委会应将水环境质量"只能变好、不能变坏"作为水环境保护责任的红线，将各部门开展入河排污口规范化整治和监督管理情况作为最严格水资源管理和河湖长制考核评价的重要内容。对考核结果为不合格的，及时提出整改措施；对整改不到位的，应追

211

究有关人员的责任。对违背科学发展要求、造成生态环境和资源严重破坏的，对不顾资源环境承载力盲目决策造成严重后果的，对履职不力、监管不严、失职渎职的，严格按照《党政领导干部生态环境损害责任追究办法（试行）》《青海省党政领导干部生态环境损害责任追究实施细则（试行）》进行追责。

### 4.5.5 推动社会参与

西宁市直有关部门、各县（区）人民政府和工业园区管委会应通过官方网站、公共媒体、新媒体平台（如微博、微信公众号等）等形式，积极宣传绿色发展理念、生态环境保护政策、水环境保护措施、入河排污口规范化整治进展、入河排污口监管要求等内容，听取公众意见，引导社会广泛参与，营造全社会共同保护水生态环境的良好氛围。

# 第5章

## 基于水环境空间的环境监测体系研究

　　湟水流域作为淡水资源的重要补给区和重要涵养区，是我国"三屏两带"生态安全格局的重要组成部分。随着水环境管理进程的推进，湟水流域的污染源由点源向面源转化，而治理面源污染的重要手段之一就是构建水环境监测体系，即基于流域水生态空间异质性搭建动态监测平台，制定监测方案，实时监测生态用地及生态空间边界的动态使得对水环境空间管控区域的维护更具针对性、更加及时有效。因此，本章基于湟水流域监测体系的现有问题，分析流域监测体系建设需求，并提出监测体系建设方案，从而建立与水生态功能分区有效衔接的流域水环境监测网络体系。完善全流域水环境监测技术体系可整体促进流域水质目标管理向水生态健康管理的重大转变，全面丰富了流域信息管理平台，在流域水环境治理中发挥了重要科技支撑作用，提升了水环境空间管控水平。

## 5.1　监测体系建设必要性和实施条件

### 5.1.1　建设必要性

　　（1）保护全球生态系统完整性及国际气候履约的责任要求

　　保护湟水流域生态环境不仅保障了国家重要的生态安全格局，也保护了全球生态系统的完整性。国际社会正进入强化全球应对气候变化的行动和制度安排的关键阶段，联合国政府间气候变化专门委员会（IPCC）第五次报告进一步从控制气候变化风险的角度，强化了气候变化问题的科学性和紧迫性；2016 年 9 月在 G20 杭州峰会召开之际，中美率先签署了《巴黎协定》。气候合作正成为促使人类超越短期利益、为实现长远目标采取一致行动的利益汇聚点，也成为全球的共赢点，应对气候变化已成为我国体现大国地位，积极参与国际治理的重要平台。由于青海省特殊的地理环境区位以及对气候变化异常敏感的反馈特点，从全球生态环境与应对气候变化角度分析，建设青海省生态环境监测网络建设项目对人类应对气候变化、全球经济一体化模式下的国际气候贸易谈判等具有非常重要的意义。

（2）维护国家生态安全屏障的必然要求

湟水流域作为青海省地表水资源的重要补给区和重要涵养区，是我国"三屏两带"生态安全格局的重要组成部分。湟水流域生态环境的好坏将关系到青海省乃至全国的生态安全和中华民族的长远发展，建设青海省流域生态环境监测网络，全面、快速、准确掌握青海省生态环境质量状况变化，对实现定期对生态环境状况、生态系统结构、生态功能、生态敏感性、资源环境承载力以及生态恢复修复效果等进行全面分析与评估，巩固和扩大生态建设成果，推进青藏高原生态安全屏障建设，维护全流域的生态安全具有重大作用。

（3）推行青海省生态文明建设的现实要求

从 2007 年 12 月，青海省提出"生态立省"，到 2012 年 5 月青海省第十二次党代会提出"打造生态文明先行区"，再到 2014 年 11 月省委十二届七次全会旗帜鲜明地提出"坚持生态保护第一是青海面向未来的战略抉择"，切实以生态文明的理念统领经济社会发展全局，努力走向生态文明新时代，使"治青理政"的方略提升到一个新境界。同时，随着青海省"生态立省"战略的实施，对气候工作也提出了更广泛的要求；实施"四区两带一线"的区域协调发展新格局的重大战略规划和实现"跨越发展、绿色发展、和谐发展、统筹发展"的科学发展模式对气候工作提出了更高要求；风能、太阳能等清洁可再生能源的开发利用对气候服务提出了新要求。2015 年 9 月中央政治局会议通过生态文明改革的"1+6"组合方案，提出生态文明体制改革制度，包括自然资源资产产权制度、资源有偿使用和生态补偿制度、生态文明绩效评价考核和责任追究制度等。建设青海省生态环境监测与应用气候变化研究项目，通过对青海省生态系统监测网络建设，利用新兴技术手段辅助生态系统可持续发展，最终促进生态文明建设提质、增速、扩面，为完善资源消耗、环境损害、生态效益的生态文明绩效评价考核和责任追究制度提供信息基础，为有效保护和有序利用自然资源，推进生态文明建设和绿色低碳发展提供信息支撑、监测预警和决策支持。加快建设资源节约型、环境友好型社会，实现经济发展、社会进步、生态文明协同发展的局面，是《青海省"十三五"环境保护规划》中维护国家生态安全屏障，保障生态文明建设的现实需求。

## 5.1.2 实施条件

（1）指标体系基本建立

环境质量指标方面依托全省各市（州）环境空气站点监测、重点流域水质断面考核、重点城镇的声环境监测、重点区域的土壤监测等工作，现已建立环境质量监测指标共326项，包括环境空气（10项）、河流地表水（24项）、湖库地表水（22项）、湖泊地表水（19项）、集中式饮用水水源地（109项）、地下水环境质量（39项）、声环境和土壤环境（20项）、辐射环境（83项），各项监测指标监测周期多样化，监测频率疏密有度，有机结合组成初步的环境质量监测指标体系。

（2）监测体系初具规模

①建成了覆盖重点生态区域的监测体系。

青海省按照党中央、国务院关于加强生态文明建设的总体部署，立足生态地位的独特性、生态系统的脆弱性和生态战略的重要性，紧紧依托青海湖流域生态保护与综合治理工程，以及2015年开始的青海祁连山生态保护与建设综合治理工程，坚持"环保牵头、部门联动、整合资源、优势互补、系统集成、信息共享"原则。

②建成了生态监测地面传输网络。

"十二五"期间，结合国家环境信息与统计能力建设项目、青海省环保厅综合信息化（一期、二期）、部分市（州）环境信息与业务能力建设等重点项目的实施，建设了上联环境保护部、覆盖全省的环境保护业务专用网络、青海省生态环境监管综合平台，集成了环境质量监测、质量控制、信息实时发布及预测预警，污染源在线监测与视频监控，机动车尾气排放监管、环境应急监测预警及决策指挥系统、青海省生态保护红线——遥感数据服务门户等 20 余个子系统。

在省环境监测及科研综合业务大楼内建设了 560 m² 中心机房及屏蔽机房、供电、消防、制冷、动力环境监控等辅助用房，310 m² 环境应急指挥中心、160 m² 视频会议中心和三套局域网络。信息化基础硬件环境建设包括环保云平台、高性能计算平台、100 TB 高速数据存储及 900 TB 视频存储、减排综合数据库平台系统软件、地理信息系统平台软件、减排应用系统支撑平台软件和全省环境统计专项设备等。建立了完善的信息安全保障体系、系统运行维护管理体系。

网络系统依托国家、省电子政务外网，青海省建成了上联环保部、下联市（州）、县（区、市、行委）三级环保局的环境保护业务专网，实现了省厅与各市（州）、县（区、市、行委）环保局之间的网络连通和数据传输。内网方面：省厅与大部分市（州）环保局均已建成局域网，并实现了与同级党政机关电子政务网的连接。目前，环境保护业务专网已实现市（州）环保局到省环保厅 50 MB 带宽，县到市（州）10 MB 带宽连接，全省部分生态环境质量监测站点可实现 1～10 MB 带宽接入环境保护业务专网。外网方面：全省各级环保局均开通了带宽不等的互联网线路。

信息公开方面完成了全省环保政府网站群系统建设，省级、8 个市（州）以及 46 个县（区、行委）级环保局站点已全部建成并上线运行，实现了全省环境政务信息的资源共享和信息公开、政民互动、在线办事的一站式服务，省、部分州、市级环境保护政府门户网站实现了政务公开、信息网上发布。

因此，"十二五"期间，以服务于环境管理为宗旨，以创新思维为主线，依托于国家环境信息与统计能力建设项目等重点项目的成功实施，青海省已完成了部分基础设施建设，具备一定的网络传输基础。

（3）数据共享机制基本成型

青海省生态环境数据资源中心正在推进建设，已构建完成了环境质量数据中心（一期）、生态环境数据中心（一期），综合集成区域生态监测获得的多源数据，建设了三江源、青海湖流域生态监测数据库及综合数据管理平台；完成了区域生态环境数据元数据库建设、空间数据可视化系统建设、生态环境数据网络发布基础平台建设、生态环境数据管理和汇交平台建设等工作，为区域生态监测数据有序存储、科学管理、高效应用以及生态监测信息发布等工作奠定了基础。

通过青海省生态产业与生态保护空间信息服务云平台数据管理平台搭建，综合信息获取与分析技术系统和综合数据库及其数据管理系统研发，建成具有信息采集、分析、诊断、决策与指导等功能的生态产业与生态保护一体化综合信息服务系统，并在智慧生态畜牧业、"一带一路"经济带沿线生态监测与预警、生态资产负债表动态核定以及政府与公众服务平台建设等方面开展了应用示范。以服务于环境管理为宗旨，以创新思维为主线，依托于国家环境信息与统计能力建设项目等重点项目的成功实施，青海省已具备较强的生态环境信息管理与共享能力。

（4）业务应用卓有成效

通过青海省生态产业与生态保护空间信息服务云平台数据管理平台搭建，综合信息获取与分析技术系统以及综合数据库及其数据管理系统研发，建成具有信息采集、分析、诊断、决策与指导等功能的生态产业与生态保护一体化综合信息服务系统，并在智慧生态畜牧业、丝绸之路经济带沿线生态监测与预警、生态资产负债表动态核定以及政府与公众服务平台建设等方面开展了应用示范。

"十二五"期间开展并完成的省重点污染源自动监控系统、排污费全程信息化系统、污染源信息直报系统、污染源工况监控系统、重点监控企业信息发布平台、环境保护电子政务信息交换平台、环境保护信访信息管理系统等20余个业务信息系统。基于上述多个数据服务平台系统形成了以省环保厅牵头，环保、农牧、水利、林业、气象等多部门协作的青海省生态环境监测工作机制。

### 5.1.3 存在的问题和不足

（1）指标体系有待完善

①监测指标体系要素不全。

目前湟水流域生态环境监测标准规范仍处于缺位状态，监测指标标准数量和涵盖面不足；标准规范的制定相对滞后于建设和评估评价以及预报预警等具体应用，对业务的针对性、适用性和前瞻性有待提高，标准规范制定对国际标准和业界通用规则的衔接不够。另外，存在应对气候变化方面的生态气象环境监测指标属性突出不足，大多数地区没有布设相应的监测仪器与站点，尤其是生态气象监测评估生态环境监测与应对气候变化服务研究难以形成精准高效的应用与服务。

②评估预警指标体系不足。

现阶段，在生态环境监测方面已获取多项监测数据，但是在整合、挖掘生态环境监测系统获得的多源数据，把握区域生态环境变化的规律，建立适宜特定区域的生态环境监测评估与预警模型系统，定期对生态环境状况、生态系统结构、生态功能、生态敏感性、资源环境承载力及生态保护和恢复效果进行客观的分析评估不足；通过动态监测和科学分析，掌握生态因子动态变化情况，预测生态环境状况的演化趋势等方面存在能力不足问题。同时，国家重点生态功能与生态环境质量考核评价体系，区域、全国、全球生态环境预警指标体系所需求的指标覆盖不全，评估预警体系不尽完善。生态系统综合保护建设为主要内容的新型绿色考核评估体系，区域生态系统综合评估指标体系基础上的区域生态环境预警指标体系、全国生态预警指标体系等方面有待提升。

（2）监测体系仍需强化

①遥感数据获取及处理能力不足。

青海省在全省及三江源、青海湖流域等多个典型区域进行的生态遥感监测评价和示范，能够基本满足对三江源生态系统现状的总体把握，但很难满足湟水流域范围生态环境管理决策的实际需求。存在遥感数据分辨率低，很难对各种生态系统类型、植被类型等做精细刻化，对人为活动引起的变化反应能力不足；数据更新周期长，数据源获取困难，数据及服务时效性不够；遥感数据专业处理系统不健全及专业人员储备不足的现状，不能完全满足定量化、业务化应用的需求，难以达到为环境管理和决策提供辅助支撑决策的水平。另外，无人机在生态环境监测领域有着广泛的应用前景，且在应急响应与精细化服务方面有着得天独厚的技术优势，是将来遥感监测发展的一个主要新型方向，而这些新型数据的应用在青海省尚处于起步阶段。

②生态环境监测站点覆盖不全。

生态环境监测方面，面对湟水流域生态环境的监测需求，已建站点相对数量、站点代表性、典型性不够、分布不均且监测指标不全；部分站点布设地较为偏僻且站点监测数据不能及时回传，需事后人工拷贝，监测站点运行稳定性较差，急需优化升级。当前已布设的监测站点未能满足覆盖所有生态要素的监测要求，未能形成覆盖全省、布局合理、功能完善、分工明确的流域生态环境质量监测网络，同时野外监测站点数据回传方式也急需优化升级。

③数据传输方式亟待补充。

近年来随着通信网络的发展，为了丰富监测内容，完善与各监测站点的传输网络，逐步实现了 GPRS 网络、CDMA 网络、3G 网络、计算机网络之间的集成，实现了部分数据的即时传输。但当前传输网络仅限于地面网络，大部分采用光纤或地面基站进行数据通信，对天、空网络资源新技术在生态环境监测站点数据回传网络的创新应用不足。由于受通信能力限制，光纤、基站无法到达的区域难以架设监测站点，有些站点甚至需要人工定期拷贝数据到数据中心；监测站点分布过度依赖于地面网络，导致地面监测站点分部不均，监测数据不够丰富，不能准确地反映监测区域的生态气候情况；传输系统稳定性不足，抗灾能力不强，数据回传链路易遭受破坏，如果出现突发状况，在网络恢复前这段时间监测数据无法实时或准时地传回到数据中心。对我国自主产权的卫星通信、北斗短报文在生态环境气候监测方面的应用总量仍然偏少，在生态环保气候行业上始终没有大范围、大批量地应用推广。因此，推进卫星通信以及北斗系统在生态环境行业的应用，可以保障监测数据稳定和实时地传输，为生态环境决策的时效性和科学性提供技术保障。

（3）数据挖掘与应用有待开发

①数据融合挖掘能力不足。

目前，经过"十二五"期间的努力，湟水流域积累了生态原始监测数据、衍生数据、异源数据同化成果数据、基础地理数据、专题数据、站网观测数据库、遥感监测数据库、社会经济统计数据等。数据汇交方面，仍需接入公安、国土资源（含测绘地信）、住房和城乡建设、交通运输、水利、农牧、林业、气象、安监等不同部门生态环境和气象的相关成果数据；在数据处理、整合的技术方面包括数据的标准化采集、处理与各专题之间的数据配准及站点数据的空间化技术仅具备入门级水平；在现有采集水平下获取的长时间序列数据的可用性分析、融合分析、数据相互间辅助验证分析等数据综合处理分析能力还存在不足。

②数据应用服务平台尚未建立。

目前各个业务应用系统独立分散、各成体系，缺乏统一的数据应用服务平台和工具，数据加工、数据产品到通用产品、融合数据的深加工产品等多类型、多层次的服务内容缺失，严重阻碍和制约了生态环境监测大数据的应用与研究。

（4）多行业综合应用与研究不足

①生态环境服务能力有待提高。

目前湟水流域生态环境监测及服务已初见成效，但由于生态气象监测数据来源的限制，生态服务产品业务平台的系统化、现代化、集约化程度不高，生态服务产品在数据来源、产品制作技术水平、产品制作基础技术支撑条件上的不足，使得精细化的服务产品制作受到明显制约。此外，目前已经开展了生态环境、气象等的监测、评估以及相应的科研和决策服务，但缺乏全面的、系统性的、有针对性的整体生态系统研究、应对气候变化服务，且服务对象和内容较为单一，服务手段落后。

②应对和适应气候变化的研究和能力较弱。

湟水流域作为青海省重要的气候变化的敏感区和启动区，面临着气候变化给青海社会经济发展带来的压力和挑战，因此加强和建设流域应对和适应气候变化的能力是一项刻不容缓的工作。囿于生态气象观测站点覆盖密度不足、生态气象观测自动化程度低、生态气象观测运行保障能力弱等现实条件的限制，湟水流域适应应对气候变化的能力相对落后于国内中、东部省份，而近年来，由于气候变化，人类活动对生态环境及资源的过度利用和破坏，致使湟水流域各类湿地水源补给下降、面积缩小、水源涵养能力急剧减退，已成为全省生态环境恶化最严重的区域之一；加之不合理的人类活动，加剧了生态环境恶化，目前的气象气候研究及应用服务不能满足上述现状及生态文明建设需求。

（5）基础支撑能力仍需提高

①基础硬件资源支撑能力不足。

由于在"十一五"与"十二五"期间硬件设备购置多基于单个项目开展，新建设施资金投入相对不足。目前，从整体来看，湟水流域生态环境监测领域高性能网络设备、服务器及存储设备等硬件设施数量较少、性能偏低，环境信息基础支撑能力不足、总体质量不高，现有的硬件设施难以满足青海省面向全国、全世界在生态监测与应对气候变化研究及数据服务工作支撑上的高要求。

②生态环境监测数据传输网络支撑能力不足。

目前，青海省市（州）县级的网络建设带宽依然不足，目前市（州）环保局到省环保厅是 50 MB，县到市（州）是 10 MB，各生态环境监测站点上联带宽仅 1～10 MB，网络接入方式不统一、网络连接有效性较低；部分市（州）环保局服务器及网络设备老旧，难以支持虚拟化部署。地面传输网络覆盖面及带宽对生态环境监测与气候变化基地建设支撑严重不足。湟水流域部分站点布设地较为偏僻且站点监测数据不能及时回传，监测站点运行稳定性较差，急需优化升级。

③监测运行保障能力弱。

现有生态环境与气象监测的运行保障能力与现有观测站点和观测能力不匹配，尤其面对不断提升的生态环境与气象观测能力和水平，必须提升运行保障能力，包括运行保障人才培养和经费支持等。

④人才队伍资源支撑能力不足。

生态环境保护与应对气候变化工作具有极强的综合性，湟水流域相关管理部门无论在科研人才的绝对量还是在专家型人才的数量方面都有一定差距，难以满足后续青海省生态环境监测网络建设工作的需求。当前，湟水流域生态环境监测网络的工作队伍建设存在较多的问题。

总体数量不足。环保管理队伍无论是绝对量还是相对量都严重不足。据统计，2009 年广东省全省环保系统实有人数为 10 320 人，山东省为 13 494 人，浙江省为 6 450 人，宁夏省和青海省分别仅为 827 人和 885 人。可见，中西部的环保队伍人力资源明显偏弱，均摊到生态环境保护工作从业的业务技术人员更是捉襟见肘。

专家型人才不多。由于地处青藏边远地区，工作条件和生活条件都较其他地区更为艰苦，同等条件下引进人才优势不强。省内人才培养的成长周期较长，仍不能满足生态环境监测网络建设工作的迫切需求；从业者的优秀领军人才不多，特别是专家型人才欠缺。

## 5.2　监测体系建设需求分析

### 5.2.1　指标体系建设的需求

根据生态环境监测与应对气候变化业务及科研的实际需要，针对生态环境质量、生物多样性保护、生态系统服务功能、自然灾害防控、资源环境承载力、生态环境综合治理、全球生态变化评估、国际减排谈判、国际气候协议履约等主要监测内容特定需求，充实和完善指标体系。

生态环境监测指标体系建设是生态环境质量评估与预警模型建立的基础，完善的生态监测系统建设是生态环境监测评估与预警系统建设的有力保障。在现有的工作基础上，需要进一步优化生态环境监测指标体系，完善生态环境地面监测站网体系和监测能力指标，强化拓展遥感监测能力指标，增加具有探索性、针对性强的监测指标，建设确立区域性遥感指标监测与地面监测指标相结合的"天空地一体化"监测指标体系，满足生态环境监测网络建设的精准需求。

## 5.2.2 "天空地一体化"监测站网完善的需求

青海省湟水流域已有的生态环境监测网络存在生态环境监测站点覆盖不全、天基及空基监测手段匮乏及应用水平不高、人力及资源有限、生态及气候要素监测不全等问题，严重制约了生态监测的实效性及可持续性。

（1）增强遥感资源获取手段的需求

扩展生态环境与气象遥感数据获取渠道，通过自主接收气象卫星数据和接入国家高分数据源，提高遥感数据的空间分辨率与时间分辨率，摆脱对国外遥感数据的依赖，降低遥感数据应用成本，最终辅助业务工作效率及成果的提高，提高产品制作发布的时效性和针对性，提升保障服务能力。

（2）监测站网统筹规划、整合及完善的需求

面向青海湟水流域，会同环保、农牧、水利、林业、气象等部门和科研院所统筹规划监测站点，形成统一规划的覆盖全省的生态及气候全要素监测站点；对已有的监测站点、实验站点进行优化整合，避免部门之间的重复设置；按照代表性、规范性、连续性和可考核性的原则，整合资源、填平补齐，进一步完善包括草地、湿地、林地、沙化土地、水文水资源、水土保持、环境质量、气象要素等地面监测、重点区域社会经济补充调查和区域生态环境状况遥感监测的"天空地一体化"生态监测体系。

（3）生态及气象全要素监测的需求

青海省现有的监测站网不能完全满足监测指标数量的要求或指标参数

简单不足以支撑湟水流域监测应用的目的。生态系统要从影响生态及气候的要素划分，山、水、林、草、湖是一个生命共同体，任何因素的变化都会引起另一因素的量变或者质变，想要搞好生态工作，需综合考虑各项生态影响因子；从地理空间来说，城镇、区域、流域、重点生态功能区等是空间上的统一体，生态环境相互影响、相互制约，需综合监控。

### 5.2.3　大数据管理和分析的需求

需要建设一个既能保障数据的全面性、有效性、规范性的大数据中心，又能提供海量数据管理的具备数据挖掘和辅助决策支持功能的数据管理与服务系统。提高海量异构的数据存储分散、数据共享和交互能力，解决统一的数据管理和交互标准缺失、大数据分析及挖掘不足、难以辅助支撑相关业务决策的现状。

（1）数据整合需求

需要依照现有国家、省级数据标准制定相关数据规范，进而对海量数据进行数据整合，包括数据收集、数据有效性检查、数据整理、数据清洗、数据转换等工作。需要统一的数据融合平台，形成青海省生态环境及气象数据资源的统一管理和服务，建立数据汇交、共享、质控管理平台。对生态环境及气象监测站网的定点采样数据、自动监测数据、现场视频数据、移动终端等各类监测设备的数据进行广义互联、信息融合、实时接入和共享，并全面实现从生态监测数据到生态监测信息的转化。强化部门间信息共享和业务协同服务，明确共享信息的基本内容，协调落实与其他部门间信息共享的长效机制，确保实现政务信息共享，加强部门间数据交换的建设。落实信息统一管理、统一查询、访问控制等支持信息共享技术条件的建设，为有效支撑各部门的业务应用和实现跨部门、跨区域的信息共享奠定基础。

（2）大数据挖掘需求

需要建立生态环境与气象数据的大数据挖掘、分析平台，开发生态环境质量监测数据综合分析工具，构建服务于业务应用服务的大数据服务平台。利用当下先进的海量异构数据存储技术、大数据智能挖掘和分析技术等，将标准化存储的非结构性数据进行数据融合和分析，使其具备分类、聚类、关联分析、预测、偏差分析和时序分析等基础分析功能，为决策者分担大量的数据管理、分析、处理工作，解放环保人员大量的工作时间从而提高其工作效率，为环保决策提供支撑。同时，深化生态环境和气象数据应用的深度和广度。

### 5.2.4　应用服务体系完善的需求

基于生态监测数据传输网络，实现生态监测数据的实时和准实时同步，提高预警的科学性和时效性。开展极端天气气候事件的研究，加强其监测能力，提高气象部门的预报水平和服务能力，特别是短时临近天气以及突发天气事件的监测预报能力，增强对生态重点功能区人民群众生命财产安全保障作用，具有重要的政治意义和经济意义。

### 5.2.5　信息共享与合作交流的需求

（1）信息共享的需求

优化当前的生态环境监测信息发布机制，实现流域环境质量、重点污染源、环境统计及生态状况监测信息统一发布，加强生态环境监测数据资源开发与应用，建立开放式的监测数据分析体系，广泛应用大数据及"互联网＋技术"进行数据挖掘和应用，发挥高等院校、科研机构在监测数据分析方面的作用，充分发挥其服务环境管理和社会公众的作用。

（2）合作交流的需求

作为基地建设的主要功能之一，搭建的服务与科研平台可优化同科研机构、科研院所的合作机制，加强政府有关部门以及国际国内高等院校、科研机构之间的合作与交流，打造应对气候变化的面向国际开放性的平台，提供新技术试验应用和技术示范平台，促进国内、国际交流，为生态环境保护及应对气候变化提供新技术、新方法和新思路，促进全球行业水平提升，为全球生态系统保护和应对气候变化做贡献。

（3）人才培养的需求

青海缺少生态环境监测相关的高水平专家群体，开展流域生态监测与应对气候变化研究、加强实习实验培训、健全业务和科研相结合的人才培养模式，可为提升现有人才队伍整体素质、夯实实用型人才支撑基础提供重要的战略支点，对于流域生态安全保障有着重要的现实意义和长远的战略意义。项目建设可通过技术人员培训工作、高校科研院所联合培养研究生方式和国际交流活动，培养造就一批覆盖生态环境监测各个领域的国内一流的生态环境监测专家和业务精湛的技术骨干。

## 5.2.6　运行保障完善的需求

（1）基础支撑硬件升级的需求

生态监测网络中综合监测站、基础监测点、跟踪监测点及遥感监测和地面监测、数据库与信息管理共享平台等基础支撑硬件需根据监测站点体系的优化、拓展，监测指标的增加，海量数据的存储与高性能计算与分析要求相应进行升级。

（2）系统运维的需求

生态环境监测网络中综合监测站、基础监测点、跟踪监测点及遥感监测与地面监测、数据库与信息管理共享平台需运行经费保障，确保生态环境监测、评估预警与考核评价系统正常运行。

# 5.3　监测体系建设方案

## 5.3.1　总体方案

（1）指导思想

深入落实"生态立省"战略，以生态文明建设为指导，坚持生态保护，不断加强人才培养和队伍建设，以探索重要生态功能区生态环境保护新道路为统领，着力强化区域生态环境监测与评估能力，建立健全生态环境监测技术体系，加快建设先进生态环境监测预警体系，努力提高生态环境监测公共服务水平，客观反映区域生态环境状况、监督考核生态环境变化、预警预测环境风险，努力开创湟水流域生态环境监测工作的新局面。

（2）建设目标

湟水流域生态环境监测网络建设从青海省的生态环境监测实际需求出发，针对生态服务功能重要、生物多样性独特、生态系统脆弱敏感、全球气候变化响应明显等特点，在整合优化现有监测能力和监测网络基础上，提升拓展生态环境监测能力，完善"生态之窗"等实时观测系统，打造覆盖全流域的"天空地一体化"生态环境监测网络；通过建立包含草地、林地、湿地等生态系统以及温室气体、热温传递和生态耦合变化的监测指标体系和生态环境大数据中心及数据资源承载平台，完善现有的监测站点体系、评估预警体系、技术保障体系等基础能力建设，实现对重要区域各环境要素和生态变化的监测与评价，揭示生态系统演替的内在规律和识别外部关键驱动因子。着重为水污染防治行动计划实施提供基础支持；着重为流域生态保护红线管控、生态文明建设目标考核及领导干部离任审计等生态领域改革提供支撑；着力搭建全球气候变化下的生态系统和大尺度迁移规律的研究平台，着眼于全省乃至全国气候变化，深挖青藏高原的生态监测数据，查明主要生态系统演替、关键控制因素，为全省乃至全国气候变化研究提供数据支撑，为青海省碳交易、履约提供决策支持。通过不懈努力，力争把湟水流域生态环境监测中心打造成国内影响力强、国际气候公约成员国知名的开放性生态环境研究示范基地。

近期目标：通过3年时间，完善覆盖国家重要生态功能区的"天空地一体化"监测体系，整体提升区域综合监测能力，使区域生态监测管理体系基本完善，为科学评价区域生态环境状况、生态保护和建设工程成效奠定基础。对国家重要生态功能区生态环境状况进行系统的监测，建立区域生态环境质量考核体系，建立生态环境监测评估预警系统；基本厘清区域生态环境状况和变化趋势，更好地支撑区域环境管理的需要，为区域生态环境保护目标考核、绩效考核、生态补偿等政策实施提供生态环境监测技术支持；进行生态环境与气候变化相互作用研究，建设气象气候预估预警体系，实现极端天气和气候变化预报与研究；为资源环境管理、政府部门决策以及保障社会公众的环境知情权，提升政府的公共服务能力，提供支持服务，为应对我国国际气候履约提供技术和数据支撑。

中远期目标：通过 5～10 年的中长期监测和系统研究，努力打造成为国际上研究青藏高原的核心平台之一，成为高原生态环境监测与气候变化应对领域的人才培养基地，为青藏高原流域综合保护和资源综合利用、社会经济的中长期发展规划提供理论依据；能阐明主要生态系统对全球变化和人类活动的响应和反馈机制，并对未来 50～100 年的可能变化情景进行预测，在国家生态安全、全球变化和可持续发展等方面研究成果显著。

（3）建设原则

根据湟水流域生态环境监测网络建设的目标和主体思路分析，建设依照整、优、拓、集、享进行设计：

整合：整合现有网络、软件、硬件资源，结合科研院校、行业单位等外部资源，以业务流程合作为基础，建立紧密开放的合作联盟及多部门协同工作机制；

优化：优化站点布设，完善生态研究布局，增加生态监测站点和移动监测站点，构建统一、完善、权威、精准的生态环境监测站点网络；

拓展：拓展生态环境监测要素，结合外部资源拓宽生态环境数据获取手段，实现技术能力、工作领域的拓展；

集成：集成生态环境监测、评估、考核、服务的综合业务及应用服务平台，为实现各部门业务应用奠定基础，为全国乃至全球的生态环境监测和气候变化研究提供技术支撑；

共享：数据共享、服务共享，创建开放性的生态环境研究平台。

（4）总体设计

湟水流域生态环境监测网络建设首先针对生态状况、环境质量和污染源等监测内容，充实和完善指标体系；在省、市级环保、国土资源（测绘地信）、住房和城乡建设、交通运输、水利、农牧、林业、气象、安监等部门及科研院校已有的生态环境监测站点基础上，优化完善站点布设，同时借助通信卫星、遥感卫星、无人机等多种高科技监测手段，建成覆盖全省的"天空地一体化"监测网络体系。整合多源生态环境监测数据，充分利用"互联网＋"、物联网和大数据等智能信息技术，建设集数据汇交、数据处理、数据共享等功能为一体的开放性生态环境大数据中心和数据资源承载平台；基于已建的全省环保专网、云平台及环境监管业务信息系统，建立集生态环境监测、评估、考核、服务为一体的综合业务平台及应用服务体系，为实现各部门的信息共享与业务应用奠定基础，为全国乃至全球的生态环境监测和气候变化研究提供技术支撑。同时，整合现有的网络、硬件、软件、办公资源，为生态环境监测提供支撑保障服务。项目建设总体框架如图 5-1 所示。

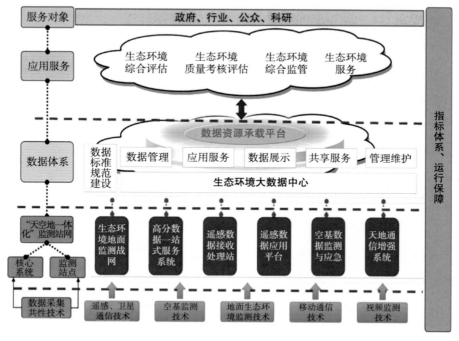

图 5-1　项目建设总体框架

## 5.3.2 建设内容

### （1）指标体系建设

根据湟水流域生态环境监测网络建设的实际需要，针对生态环境状况、生物多样性保护、生态系统服务功能、自然灾害防控、资源环境承载力等主要监测内容，充实和完善指标体系，主要包括区域生态环境状况监测指标体系、生态系统服务功能评估指标体系、生态保护工程生态成效综合评估指标体系、区域生态环境质量考核评价指标体系和区域生态文明建设目标考核指标体系。

①区域生态环境状况监测指标体系。

结合地面监测与遥感监测，分别建立生态系统状况和环境质量地面监测指标体系（共八大类 351 项指标）和生态系统状况遥感监测指标体系（共六大类 42 项指标），共同组成生态环境状况监测指标体系，服务于区域生态环境状况评价与变化评估、生态系统服务功能评估、重大生态保护工程生态成效评估、生态环境质量考核、生态文明建设目标考核以及生态保护与恢复科学研究，见表 5-1 和表 5-2。

#### 表 5-1　生态系统状况地面监测指标一览表

| 类别 | 状态 | 监测指标 | 评价指标 | 指标获取方式 |
|---|---|---|---|---|
| 草地生态系统 | 已有 | 草地面积、草地类型、载畜量、利用方式 | 草地基本情况 | 地面监测、模型计算 |
| | | 植被类型、组分、盖度、高度、频度、生物量、叶面积指数 | 植被群落结构、物种多样性、产草量 | 地面监测、模型计算 |
| | | 单位面积有效洞口数、土丘数洞口系数、害鼠密度、危害程度 | 鼠害状况 | 地面监测、模型计算 |
| | | 种类、密度、危害程度 | 虫害监测状况 | 地面监测、模型计算 |
| | | 生态工程类型、分布、规模、进度及植被类型、盖度、生物量 | 保护工程成效 | 地面监测、模型计算 |
| | 新增 | $CO_2/H_2O$ 通量、碳储量、地表辐射温度、近地面气温、土壤水分 | 增温气体排放、气候响应评价 | 地面监测、模型计算 |

| 类别 | 状态 | 监测指标 | 评价指标 | 指标获取方式 |
|---|---|---|---|---|
| 林地生态系统 | 已有 | 林地类型、面积、利用方式 | 林地基本情况 | 地面监测、模型计算 |
| | | 郁闭度、林木种类、高度、叶面积指数、树冠、胸径、生长量、蓄积量、林下植物组分 | 林木植被特征 | 地面监测、模型计算 |
| | | 植被高度、盖度、频度、植被类型、种类、生物量 | 林下草本植被群落结构、产草量 | 地面监测、模型计算 |
| | | 生态工程类型、分布、规模、进度及郁闭度、高度、生长量、蓄积量 | 保护工程成效 | 地面监测、模型计算 |
| | 新增 | $CO_2/H_2O$ 通量、碳储量、地表辐射温度、近地面气温、土壤水分 | 增温气体排放、气候响应评价 | 地面监测、模型计算 |
| | | 林下植被盖度、生物量 | 保护工程成效 | 地面监测、模型计算 |
| 湿地生态系统 | 已有 | 湿地类型、湿地面积、载畜量、利用方式 | 湿地基本情况 | 地面监测、模型计算 |
| | | 植被类型、种类、建群种、盖度、高度、叶面积指数 | 植被群落结构、物种多样性、产草量 | 地面监测、模型计算 |
| | | 生态工程类型、分布、规模、进度及植被类型、盖度、建群种、生物量 | 保护工程成效 | 地面监测、模型计算 |
| | 新增 | 微生物群落、小动物种群、甲烷气体示踪与通量、湿地碳储量、地表辐射温度、近地面气温、湿地变化指示植物、水系连通和土壤含水量 | 动物群落结构、多样性、增温气体排放、气候响应评价 | 地面监测、模型计算 |
| 生物多样性 | 已有 | 关键种、外来种、指示种、重点保护种、受威胁种、对人类有特殊价值的物种、典型的或有代表性的物种分布与数量、面积与种群变化、迁移路线 | 物种多样性 | 地面监测、模型计算 |
| | | 植被覆盖与土地利用、生态系统类型、斑块数、面积、分布 | 生态与景观多样性 | 地面监测、模型计算 |
| 水土保持 | 已有 | 风蚀强度、降尘、土壤含水量、土壤坚实度、土壤可蚀性、植被盖度 | 土壤侵蚀类型、面积、侵蚀强度 | 地面监测、模型计算 |
| | | 径流量、降水量、降水强度、输沙量、侵蚀量、植被盖度侵蚀模数 | | 地面监测、模型计算 |
| | | 生态工程类型、分布、规模、进度及植被类型、盖度 | 保护工程成效 | 地面监测、模型计算 |

| 类别 | 状态 | 监测指标 | | 评价指标 | 指标获取方式 |
|---|---|---|---|---|---|
| 水文水资源 | 已有 | 河流 | 驻测站：含沙量、降水、蒸发、水温、冰情、气温、水质 | 水资源量、水文情势 | 地面监测、模型计算 |
| | | | 巡测站：水位、流量 | | 地面监测、模型计算 |
| | | 湖库 | 水位、面积、水质 | | 地面监测、模型计算 |
| 气象因子 | 已有 | 气象要素 | 气温、降水量、气压、日照、蒸发量、相对湿度、地温、风向风速、辐射、大气降尘 | 气候状况、变化及反馈 | 地面监测、模型计算 |
| | | 气象灾害 | 气象灾害（雪灾、干旱、火灾、沙尘暴、冰冻、暴雨等）发生时间、地点、强度、损失 | 灾害等级、损失 | 地面监测、模型计算 |
| 环境要素 | 已有 | 环境质量 | 环境空气 | 二氧化硫、二氧化氮、一氧化碳、臭氧、PM$_{10}$、PM$_{2.5}$、总悬浮颗粒物、氮氧化物、铅、苯并 [a] 芘 | 环境空气质量指数、质量类别、优良率 | 地面监测、模型计算 |
| | | | 水环境 | 河流 | pH、溶解氧、高锰酸盐指数、化学需氧量、氨氮、氟化物、总磷、总氮、六价铬、挥发酚、锌、镉、铅、铜、总汞、氰化物、石油类、阴离子表面活性剂、水温等指标（24 项） | 地表水环境质量指数、水质类别、达标率 | 地面监测、模型计算 |
| | | | | 湖库（淡） | pH、溶解氧、高锰酸盐指数、化学需氧量、氨氮、氟化物、总磷、总氮、六价铬、挥发酚、锌、镉、铅、铜、总汞、氰化物、石油类、阴离子表面活性剂、水温、浮游生物、叶绿素、透明度 | 环境质量指数、质量类别、达标率 | 地面监测、模型计算 |
| | | | | 湖泊（咸） | pH、溶解氧、高锰酸盐指数、化学需氧量、氨氮、氟化物、总磷、总氮、六价铬、挥发酚、锌、镉、铅、铜、总汞、氰化物、石油类、阴离子表面活性剂、水温 | 环境质量指数、质量类别、达标率 | 地面监测、模型计算 |

| 类别 | 状态 | | 监测指标 | 评价指标 | 指标获取方式 |
|---|---|---|---|---|---|
| 环境要素 | 环境质量 | 已有 | 水环境 | 集中式饮用水水源地 | 水温、pH、溶解氧、高锰酸盐指数、化学需氧量、五日生化需氧量、氨氮、总磷、总氮、铜、锌、氟化物、硒、砷、汞、镉、六价铬、铅、氰化物、挥发酚、石油类、阴离子表面活性剂、硫化物粪大肠菌群、硫酸盐、氯化物、硝酸盐、铁、锰及三氯甲烷、四氯化碳、硝基苯类等80种特定项目，共109项 | 环境质量指数、质量类别、达标率 | 地面监测、模型计算 |
| | | | | 地下水 | 色度、嗅和味、浑浊度、肉眼可见物、pH、总硬度、溶解性总固体、硫酸盐、氯化物、铁、锰、铜、锌、钼、钴、挥发性酚类、阴离子合成洗涤剂、高锰酸盐指数、硝酸盐、亚硝酸盐、氨氮、氟化物、碘化物、氰化物、砷、汞、硒、镉、铬（六价）、铅、铍、钡、镍、滴滴涕、六六六、总大肠菌群、细菌总数 | 环境质量指数、质量类别、达标率 | 地面监测、模型计算 |
| | | | 辐射环境 | 河流 | 总α、总β、铀-238、钍-232、镭-226、钾-40、铯-137、锶-90 | 环境放射性水平 | 地面监测 |
| | | | | 湖库（淡） | 总α、总β、铀-238、钍-232、镭-226、钾-40、铯-137、锶-90 | 环境放射性水平 | 地面监测 |

| 类别 | 状态 | | 监测指标 | | 评价指标 | 指标获取方式 |
|---|---|---|---|---|---|---|
| 环境要素 | 环境质量 | 已有 | 辐射环境 | 湖泊（咸） | 总 α、总 β、铀 -238、钍 -232、镭 -226、钾 -40、铯 -137、锶 -90 | 环境放射性水平 | 地面监测 |
| | | | | 集中式饮用水水源地 | 总 α、总 β、铀 -238、钍 -232、镭 -226、钾 -40、铯 -137、锶 -90 | 环境放射性水平 | 地面监测 |
| | | | | 地下水 | 铀 -238、钍 -232、镭 -226、钾 -40、铯 -137、锶 -90 | 环境放射性水平 | 地面监测 |
| | | | | 土壤 | 总 α、总 β、铀 -238、钍 -232、镭 -226、钾 -40、铯 -137、锶 -90 | 环境放射性水平 | 地面监测 |
| | | | | 动物 | 总 α、总 β、总铀 | 环境放射性水平 | 地面监测 |
| | | | | 植物 | 总 α、总 β、总铀 | 环境放射性水平 | 地面监测 |
| | | | 电磁环境 | | 工频电场、工频磁场、综合场强、无线电干扰、选频场强 | 电磁环境控制限值 | 地面监测 |
| | | 新增 | 湖泊地表水（咸） | | 氯化物、硫酸盐、叶绿素、透明度 | 环境质量指数、质量类别、达标率 | 地面监测、模型计算 |

## 表 5-2　生态环境遥感监测指标一览表

| 类别 | 监测指标 | 指标获取方式 |
|---|---|---|
| 草地生态系统 | 分布、面积、叶面积指数、植被覆盖度、生物量、单位面积有效洞口数、地表辐射温度、近地面气温、土壤水分、净初级生产力、光合有效辐射吸收比率（FPAR） | 遥感监测 |
| 林地生态系统 | 分布、面积、郁闭度、叶面积指数、蓄积量、盖度、生物量、地表辐射温度、近地面气温、土壤水分、净初级生产力、光合有效辐射吸收比率（FPAR） | 遥感监测 |
| 湿地生态系统 | 分布、面积、植被盖度、叶面积指数、地表辐射温度、近地面气温、净初级生产力 | 遥感监测 |

| 类别 | 监测指标 | 指标获取方式 |
|---|---|---|
| 生物多样性 | 栖息地面积与分布、景观特征 | 遥感监测 |
| 水土保持 | 土壤侵蚀类型、面积、分布、强度 | 遥感监测 |
| 水环境 | 水系分布、叶绿素、透明度、水色、水温、浑浊度 | 遥感监测 |

②生态系统服务功能评估指标体系。

生态系统服务功能评价指标体系建设包括生物多样性维持功能、土壤保持功能、水源涵养功能、防风固沙功能、碳固定功能、产品供给功能等六大生态功能，30项评估指标，详见表5-3。

表5-3 区域生态系统服务功能评估指标体系一览表

| 生态功能 | 指标 | 评估指标 | 指标获取方式 |
|---|---|---|---|
| 生物多样性维持功能 | 坡度坡向及海拔 | 生物生境质量指数 | 遥感监测 |
| | 生态系统类型 | | 遥感监测 |
| | 水系分布 | | 遥感监测 |
| | 生境破碎化指数 | | 遥感监测 |
| | 斑块数、平均斑块面积 | | 遥感监测 |
| 土壤保持功能 | 降雨侵蚀力 | 侵蚀模数 | 地面监测 |
| | 土壤可蚀性 | | 遥感监测 |
| | 坡度—坡长因子 | | 遥感监测 |
| | 植被覆盖因子 | | 遥感监测 |
| | 管理因子 | | 地面监测 |
| 水源涵养功能 | 生态系统面积 | 水源涵养量 | 遥感监测 |
| | 多年均产流降水量（$P>20$ mm） | | 地面监测、模型计算 |
| | 多年均降水总量 | | 地面监测、模型计算 |
| | 产流降水量占降水总量的比例 | | 地面监测、模型计算 |
| | 与裸地（或皆伐迹地）比较，生态系统减少径流的效益系数 | | 地面监测、模型计算 |

| 生态功能 | 指标 | 评估指标 | 指标获取方式 |
|---|---|---|---|
| 水源涵养功能 | 产流降雨条件下裸地降雨径流率 | 水源涵养量 | 地面监测、模型计算 |
| | 产流降雨条件下林地降雨径流率 | | 地面监测、模型计算 |
| 防风固沙功能 | 风速 /（m/s） | 风蚀模数 | 地面监测 |
| | 空气相对湿度 /% | | 地面监测 |
| | 植被盖度 /% | | 地面监测、遥感监测 |
| | 人为地表结构破损率 /% | 风蚀模数 | 地面监测 |
| | 颗粒平均粒径 /mm | | 地面监测 |
| | 土体硬度 /（N/cm$^2$） | | 地面监测 |
| | 坡度 /（°） | | 地面监测 |
| | 距参照点距离 /km | | 地面监测 |
| 碳固定功能 | 各生态系统生物量 | 碳固定量简单做，宏观尺度 | 遥感监测 |
| | 各生态系统碳固定量 | | 地面监测、模型计算 |
| 产品供给功能 | 生物量 | 食物供给 | 地面监测、遥感监测 |
| | 各种农作物产量 | | 地面监测 |
| | 水资源总量 | 淡水供给 | 地面监测 |

③生态保护工程生态成效综合评估指标体系。

基于区域生态环境状况监测，采用生态系统结构—服务功能动态过程趋势分析的重大生态工程生态效果综合评估技术方法，围绕区域生态系统结构与服务功能特征及其变化规律，构建由四大类别、13 个一级指标、39 个二级指标构成的生态保护工程生态成效综合评估指标体系，详见表 5-4。

表 5-4 生态保护工程生态成效评估指标体系一览表

| 类别 | 评估指标 | | 指标获取方式 |
|---|---|---|---|
| | 一级指标 | 二级指标 | |
| 生态系统宏观结构 | 生态系统宏观结构 | 生态系统分类面积 | 遥感监测 |
| | | 变化率 | 遥感监测 |
| | | 动态度 | 遥感监测 |

续表

| 类别 | 评估指标 | | 指标获取方式 |
|---|---|---|---|
| | 一级指标 | 二级指标 | |
| 生态系统质量 | 草地退化与恢复 | 草地退化与恢复分类面积 | 遥感监测 |
| | | 草地退化与恢复分类面积占比 | 遥感监测数据统计 |
| | 植被状况 | 植被覆盖度 | 遥感监测 |
| | | 植被生物量 | 遥感监测、地面监测、模型计算 |
| | | 植被净初级生产力（NPP） | 遥感监测、模型计算 |
| | 宏观生态状况 | 土地覆被状况指数 | 遥感监测 |
| | | 土地覆被转类指数 | 遥感监测 |
| | 生物多样性 | 丰富度指数 | 地面监测 |
| | | 多样性指数 | 地面监测统计 |
| | | 景观多样性指数 | 遥感监测 |
| | | 均匀度指数 | 地面监测数据计算 |
| | 环境质量 | 地表水环境质量指数 | 地面监测 |
| | | 土壤环境质量指数 | 地面监测 |
| | | 环境空气质量指数 | 地面监测 |
| | | 电磁环境控制限值 | 地面监测 |
| | | γ辐射剂量率本底涨落范围 | 地面监测 |
| | 多年冻土上限深度 | | 地面监测、遥感监测 |
| 生态系统变化影响因素 | 水源涵养 | 水源涵养量 | 地面监测、遥感监测数据计算 |
| | | 水源涵养服务功能保有率 | 地面监测、遥感监测数据计算 |
| | | 枯水季河流径流量 | 地面监测 |
| | | 夏汛期河流径流调节系数 | 地面监测 |
| | 土壤保持 | 土壤水蚀模数 | 地面监测、遥感监测、模型计算 |
| | | 土壤保持量 | 地面监测、遥感监测、模型计算 |
| | | 土壤保持服务功能保有率 | 综合计算 |
| | | 河流径流含沙量 | 地面监测 |
| | 防风固沙 | 风蚀模数 | 地面监测、模型计算 |
| | | 防风固沙量 | 地面监测、模型计算 |
| | | 防风固沙服务功能保有率 | 综合计算 |

| 类别 | 评估指标 | | 指标获取方式 |
|---|---|---|---|
| | 一级指标 | 二级指标 | |
| 生态系统变化影响因素 | 牧草供给 | 草地产草量/可食牧草产量 | 地面监测、遥感监测 |
| | | 草地载畜量 | 地面监测数据计算 |
| | 水供给 | 河流径流量 | 地面监测 |
| | | 湖泊面积 | 遥感监测 |
| | | 湖泊水量 | 地面监测、遥感监测数据计算 |
| | | 冰川面积 | 遥感监测 |
| | | 地下水资源量 | 地面监测、模型计算 |
| 气候变化影响因素 | 气候变化 | 气温 | 地面监测 |
| | | 降水 | 地面监测 |

④县域生态环境质量考核评价指标体系。

为维护国家生态安全，促进生态文明建设，引导地方政府加强生态环境保护，提高国家重点生态功能区所在地（县域）政府的基本公共服务保障能力，考核国家重点生态功能区县域生态环境质量。根据考核结果，对生态环境明显改善或恶化的地区通过增加或减少转移支付资金等方式予以奖惩。建设由 3 个一级指标和 17 个二级指标构成的生态环境质量考核评价指标体系，服务国家重点生态功能区县域生态环境质量评价考核，详见表 5-5。

表 5-5　国家重点生态功能区县域生态环境质量评价考核指标一览表

| 一级指标 | 二级指标 | 指标获取方式 |
|---|---|---|
| 自然生态指标 | 水源涵养指数 | 遥感监测 |
| | 受保护区域所占面积比例 | 遥感监测 |
| | 林地覆盖率 | 遥感监测 |
| | 草地覆盖率 | 遥感监测 |
| | 水域湿地覆盖率 | 遥感监测 |
| | 耕地和建设用地比例 | 遥感监测 |
| 环境状况指标 | 主要污染物排放强度 | 地面监测 |
| | 污染源排放达标率 | 地面监测 |

| 一级指标 | 二级指标 | | 指标获取方式 |
|---|---|---|---|
| 环境状况指标 | Ⅲ类或优于Ⅲ类水质达标率 | | 地面监测 |
| | 城镇污水集中处理率 | | 地面监测 |
| | 集中式饮用水水源地水质达标率 | | 地面监测 |
| 生态环境保护与管理调节指标 | 生态环境保护制度与生态创建 | 生态环境保护制度 | 实地调查、统计 |
| | | 生态创建 | 实地调查、统计 |
| | 生态保护与建设工程 | 年度工作计划 | 实地调查、统计 |
| | | 工程项目实施 | 实地调查、统计 |
| | 生态环境监管能力与环境基础设施建设 | 生态环境监管能力 | 实地调查、统计 |
| | | 环境监测设施建设 | 实地调查、统计 |
| | 转移支付资金使用 | 转移支付资金用途 | 实地调查、统计 |
| | | 考核监测工作经费 | 实地调查、统计 |
| | 县域考核工作组织管理 | 考核工作组织情况 | 实地调查、统计 |
| | | 考核工作实施情况 | 实地调查、统计 |

⑤区域生态文明建设目标考核指标体系。

区域生态文明建设目标考核指标体系包括生态环境、生态保护和生态事件3个一级指标、21个二级指标，用于反映环境质量、自然资源保护、生态修复工程以及生态破坏情况，详见表5-6。

表5-6 服务生态文明建设目标考核的生态环境监测指标体系

| 一级指标 | 二级指标 | 指标获取方法 |
|---|---|---|
| 生态环境 | 湟水河水质达到或好于Ⅲ水体比例/% | 地面监测与统计 |
| | 劣Ⅴ类水体比例/% | 地面监测与统计 |
| | 集中式饮用水水源地水质达标率/% | 地面监测与统计 |
| | 重点重金属污染物排放量累计下降比例/% | 地面监测与统计 |
| | 主要污染物排放总量 | 地面监测与统计 |
| 生态保护 | 森林覆盖率 | 遥感监测 |
| | 森林蓄积量 | 地面监测与遥感监测 |
| | 草原植被覆盖度 | 地面监测与遥感监测 |

续表

| 一级指标 | 二级指标 | 指标获取方法 |
|---|---|---|
| 生态保护 | 自然保护区面积比例 /% | 遥感监测 |
| | 重点生态功能区县域生态环境状况指数变化值 | 地面监测、遥感监测、模型计算 |
| | 本地重要野生动物受保护程度 /% | 地面监测与遥感监测 |
| | 新增黑土滩草原治理面积 | 遥感监测、模型计算 |
| | 新增沙化土地治理面积 | 遥感监测、模型计算 |
| | 新增水土流失综合治理面积 | 遥感监测、模型计算 |
| 生态事件 | 发生重大突发生态环境破坏事件、造成恶劣社会影响的其他环境污染责任事件 | 地面监测与遥感监测 |
| | 违反生态保护红线管控办法管理要求，不能严守生态保护红线 | 地面监测与遥感监测 |

（2）"天空地一体化"监测站网体系拓展

基于现有的"天地一体化"生态环境监测体系，优化整合省市级生态环境、自然资源（测绘地信）、住房和城乡建设、交通运输、水利、农牧、林业、气象、安监等部门，中国科学院西北生态环境资源研究院、西北高原生物研究所、青海大学等国家相关科研院校，以及生态环境部卫星环境应用中心、中国环境科学研究院、中国航天科技集团、青藏铁路公司、青海省交通科学研究院等技术部门在青藏高原设置的监测站网，优化完善站点布设，并拓展建设由小型站、微型站、流动监测系统组成的网格化监测网络。同时，拓展通信卫星、北斗导航卫星、气象卫星、无人机等监测手段，整合生态状况监测、环境质量监测和污染源监测站网体系，形成覆盖全省的"天空地一体化"监测网络体系。

①地面监测站网建设。

依托于现有生态环境监测站网，加强省生态环境监测中心建设，形成全省的生态环境数据汇聚中心；建设完善区域生态环境监测站，包括新建省生态环境中心站直管的 4 个分中心站和完善各市（州）环境监测站；优化扩展基础综合站，包括生态综合监测站点、水文站点、水土保持站点、环境质量自动监测站点、超级站点、污染源在线监测站点、环境风险预警监测站点、气象站点、生态之窗站点、移动监测站点等；优化扩展实地监测点，包括环境空气质量、地表水质量、集中式生活饮用水水源地水质、土壤环境、草地、林地、湿地、沙化土地、水土保持等监测站点，提高生态环境监测能力。同时，丰富监测手段和监测内容，通过卫星通信、北斗短报文通信、微波通信与地面光纤、基站通信互补的方式，优化数据回传，打造覆盖全省的生态环境地面监测站网。

②升级改造省级生态环境监测中心。

根据青海省典型生态系统空间分布差异大小，结合当前全省环境监测体制改革地方监测机构设立的总体布局，依托青海省环境监测中心站、省生态环境遥感监测中心、省环境信息中心、省污染源自动监控中心，打造湟水流域生态环境监测中心，形成全省生态环境数据汇聚中心，质量控制中心，数据分析挖掘中心，应用服务中心，技术培训中心和应对气候变化研究中心；负责湟水流域生态环境监测各项工作的开展，以 4 个区域地面监测分中心为支撑，各市（州）监测站为补充，构建涵盖环境质量、生态保护等全方位生态环境监测网络。为满足日趋严峻的生态环境监管需求，进一步增强生态环境监测能力，优化天基多源卫星监测系统，强化遥感数据应用，加强生态环境监察技术手段，拓展生态环境信息及大数据服务，不断提升生态环境监测管理的精准化、精细化服务。

建设完善区域生态环境监测站。为统筹跨行政区域的生态环境质量监测、执法监测和应急监测等协同监测问题，提高监测的时效性，结合当前全省环境监测体制改革地方监测机构设立的总体布局，重点完善州级环境监测站建设，提高其生态环境监测能力。同时，整合有限资源，集中力量在玉树州玉树市、果洛州班玛县、海西州格尔木市、海南州贵德县分别设立生态环境监测分中心，作为省生态环境监测中心的直管站，实现对辐射区域的生态环境质量监测的全覆盖，形成对州级环境监测站的有力补充。

## 5.3.3 技术流程

本书研制技术流程如图 5-2 所示。

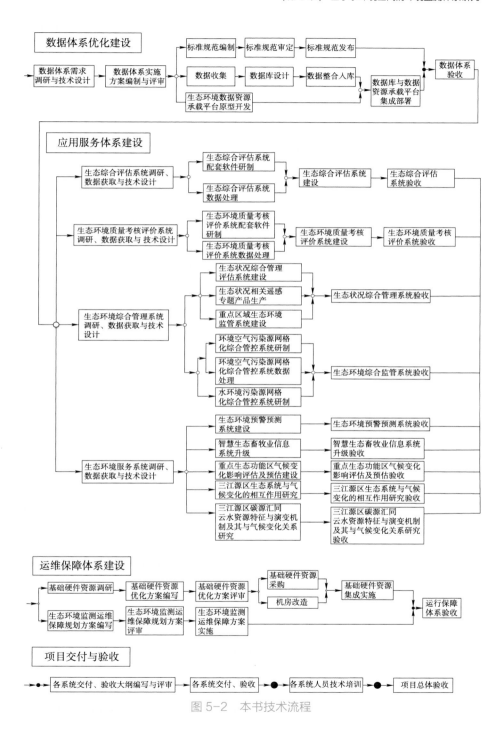

图 5-2  本书技术流程

243

### 5.3.4 组织管理机构与职责

在"需求牵引、统筹规划、产学互动、技术转化、突出重点和共建共享"总体建设思路的指导下，由青海省环境保护厅牵头，成立项目管理领导小组，建立多部门协同工作机制，制定工作制度，做好项目实施的质量、进度、资金等管理工作，充分发挥项目建设效益。

（1）组织管理机构

项目由青海省环境保护厅牵头组织，建立项目组织机构，主要包括管理组、技术支撑组、数据支撑组和实施组，如图 5-3 所示。

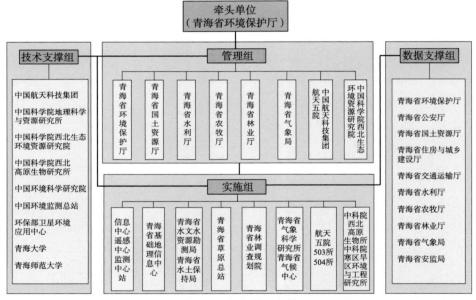

图 5-3　组织管理架构

①项目牵头单位。

青海省环境保护厅为项目牵头单位，主要负责项目实施期间重大事项审议与决策，监督检查项目建设工作。

②技术支撑组。

由生态环境监测相关专家组成，主要负责为项目建设方案、关键技术攻关等提供技术支撑和咨询服务。

③数据支撑组。

由合作联盟成员单位相关数据提供厅（局）组成，主要负责为青海省生态环境监测中心提供相关数据。

④管理组。

由项目建设单位相关人员组成，主要负责具体项目实施方案设计审查、实施管理、总体协调、档案管理等工作。

⑤实施组。

由项目建设单位相关人员组成，主要负责指标体系建设、"天空地一体化"监测站网体系拓展、数据体系优化、应用服务体系建设、运行保障体系升级和项目整体集成等工作。

（2）工作机制

针对项目实施特点，建立项目实施工作机制，确保项目建设工作的顺利开展。

①成立项目组织架构。

成立项目组织架构，并下设管理组、技术支撑组、数据支撑组和实施组，负责项目论证、实施、验收全生命周期的管理、实施与支撑等工作。

②建立联席会议制度。

各项目组将定期召开项目例会，主要通报工作进展情况，总结前期工作成果，提出工作中存在的问题，讨论解决方案，部署下一步工作。每次例会后，需形成会议纪要。

③建立专题研讨会议制度。

根据项目实施期间发现的技术问题，项目组可提出召开专题研讨会议，有针对性地重点讨论问题，并形成会议纪要。根据已获资料和方案编制过程中遇到的问题，提炼归纳项目中存在的问题以及需要补充的资料。

④制定项目管理制度。

完善项目管理制度，包括项目资金管理制度、进度管理制度、质量管理制度、合同管理制度、招投标管理制度、项目监理制度、会议管理制度、项目档案制度和日常协调制度等。

# 第 6 章

## 总结与分析

## 6.1 水功能区与水环境控制单元区划比较分析

2018 年按照国家机构改革方案要求，入河排污口设置管理和编制水功能区划职责整合至生态环境部。为做好职责整合后的各项工作，生态环境部组织地方各级生态环境主管部门和各流域生态环境监督管理局要依照现有规定开展水功能区监测评价和水功能区限值纳污红线考核工作。"十四五"期间，为推进山水林田湖草系统治理和水资源、水环境、水生态"三水统筹"，国家将实现水功能区与水环境控制单元区划体系和管控手段有机融合，构建全国统一的水生态环境管理区划体系、监测体系和考核体系，组织开展水功能区与水环境控制单元整合工作，为"十四五"水生态环境管理工作奠定基础。

水环境控制单元的设置目标为改善水环境质量，根据流域环境质量目标控制污染物排放的流域控制单元水质目标管理是成功的理论和方法。水功能区是根据水资源的自然条件和经济社会发展要求，确定不同水域的功能定位和管理目标，解决水资源开发利用与保护，协调用水部门之间的关系，在国家最严格水资源管理制度的执行和水环境改善方面发挥了重要作用。二者都是为了确保水资源的可持续利用，使水环境得到有效的保护。但由于划分的角度不同，其侧重点、分类体系、标准存在一定的差异。

**划分依据不同**。水功能区的划分依据是《水法》《水功能区划标准》，水环境控制单元的划分依据是《水污染防治行动计划》《重点流域水污染防治规划》。

**划分目的不同**。水功能区是根据区域水域的自然属性，结合经济社会需求，协调水资源开发利用和保护、整体和局部的关系，确定该水域的功能及功能顺序，为水资源的开发利用和保护管理提供科学依据，以实现水资源的可持续利用。水环境控制单元是为了实施以水质改善为核心的分区管理，重点落实水污染防治目标、任务措施、工程项目及总量控制、环评审批、排污许可与交易等环境管理措施而划分。控制单元中的水质断面以水污染防治目标责任书确定的断面和流域管理机构监测的省界断面为依据。

**划分标准不同。** 水功能区划分标准是为了满足水资源合理开发利用、节约和保护的需求，根据水资源的自然条件和开发利用现状，按照流域综合规划、水资源保护和经济社会发展要求，依其主导功能划定范围并执行相应水环境质量标准的水域。水环境控制单元划分标准是针对水质目标和污染物，根据水量与质量的平衡关系、污染物的输入与输出来定量表达，考虑各控制单元间的相互影响进行划分。

## 6.2 "三线一单"与"三区三线"水环境空间管控比较分析

空间布局的合理性，不仅关乎区域的社会经济发展也与区域生态环境质量息息相关。我国过去存在规划布局没有充分考虑生态环境因素的现象，不合理的产业布局给城市造成了不良的环境影响。此外，城市化和工业化建设有时会侵占具有重要生态系统服务功能的空间，带来生态环境风险。基于种种现实问题，中共中央、国务院《关于加快推进生态文明建设的意见》提出"严守资源环境生态红线""优化国土空间开发格局""健全空间规划体系"。"十三五"时期，生态环境部和自然资源部分别推动"三线一单"和"三区三线"工作，各地均开展了"三线一单"与"三区三线"编制，以期优化国土空间生态安全格局，促进生态文明建设。

"三线一单"和"三区三线"虽出自两个部门，但二者试图解决相似的现实问题，且都包含生态环境保护和空间管制。二者在内容上存在交叉，相近内容可能因使用不同的基础数据、依据不同的技术方法以及部门间不同的关注点，导致成果不完全一致。此外，在实际管理中，"三线一单"和"三区三线"都对项目选址起到了指导作用，若衔接不畅，可能出现指示矛盾的情况。因此，探索"三线一单"与"三区三线"的衔接路径是非常必要的。通过有效衔接，"三区三线"与"三线一单"成果可互为补充，形成合力，推进国土空间土地合理开发利用，源头防范生态环境风险。

**内涵比较不同**。"三线一单"包含生态保护红线、环境质量底线、资源利用上线以及生态环境准入清单四部分内容。环境管控单元是"三线"与"一单"之间的桥梁，它将"三线"成果落实到具体空间，进而形成生态环境准入清单。生态环境准入清单是规划环评、环境管理要求落实的抓手，还可为项目选址提供参考，从而在源头避免因产业布局不合理导致的生态环境问题。国土空间规划是将主体功能区规划、土地利用规划、城乡规划等空间规划融合为一体的空间规划体系。国土空间规划的出发点是空间合理开发利用与保护，通过资源环境承载力和国土空间开发适宜性评价，划定"三区三线"（"三区"指生态、农业、城镇空间；"三线"指生态保护红线、永久基本农田、城镇开发边界），在规划之初考虑生态环境因素，实现更加合理的布局，进而在不突破区域承载力和"三线"的条件下，谋划空间开发建设的蓝图。

**依托部门不同**。"三线一单"和"三区三线"分别依托生态环境部和自然资源部，从各自的实际问题出发，基于不同的理论技术、管理实践，最终实现不同的目的，但二者在空间管制与生态环境领域有所交叉。为了从源头解决空间布局、城镇建设、产业发展不合理导致的诸多环境问题，生态环境部将现有环境管理实践集成，包括环境质量目标控制、环境容量与污染物排放总量控制、环境区划、生态环境准入清单等，依托"三线一单"实现源头防控和生态环境精细化管理。针对国土空间开发秩序混乱、资源环境代价显现的情况，"三区三线"依托"双评价"，从宏观、中观层面确定"三区"的范围以及适宜的规模，在微观层面不断细化管理要求，优化国土空间开发利用与保护格局。空间与环境是二者的交集："三线一单"聚焦于环境，依托空间管制实现目的；而"三区三线"聚焦于空间统筹，兼顾环境考量。

**层级和内容不同。** 在层级上，"三线一单"由各省（区、市）和新疆生产建设兵团组织编制，包含省、市两级，而"三区三线"从上到下共有五级，且各级的侧重点不同。在具体内容上，"三线一单"开展的是生态、环境和资源三方面的评价，"三区三线"在生态评价、资源环境的承载力评价之后，进一步开展农业生产、城镇建设适宜性评价，显然"三区三线"涵盖的内容更广。在分区管控方面，"三线一单"基于要素属性，结合生态、环境、资源三类分区划定优先、重点和一般管控单元。"三线一单"依托生态环境准入清单实现环境管控单元的精细化管理，管控要求涵盖空间布局约束、污染物排放管控、环境风险防控、资源利用效率四方面。而"三区三线"则结合用途属性，划分生态、农业和城镇三类分区，通过国土空间用途管制规则对生态空间、农业空间和城镇空间提出开发利用或保护的详细要求。尽管二者的编制工作均启动于"十三五"后期，但在发布时间上，"三线一单"总体早于"三区三线"。"三线一单"和"三区三线"都建设了相应的信息平台便于后期管理。在具体实施中，"三线一单"将会影响项目的环境准入，从生态环境保护角度指导选址，"三区三线"则将在用地预审、规划许可等环节影响项目的落地。

**管理思路及部分内容相同。** 二者的管理思路都是全域空间分区，单元精细化管理。生态属性优于发展属性是二者共同遵循的原则。其区别之处在于，"三线一单"主要关注空间的生态环境属性，以生态环境评价成果指导产业准入。而"三区三线"更加关注承载各类活动的空间格局，兼顾生态环境属性。从内容上看，生态保护红线是二者完全相同的部分。自然资源部门负责组织划定生态保护红线，并负责对生态保护红线进行评估调整。生态环境部门承担生态保护红线监管工作。土地资源利用上线虽是"三线一单"中的内容，但资源管理的职责分属其他部门，如自然资源部门、水利部门和能源主管部门。所以，土地资源利用上线需衔接国土空间规划。此外，永久基本农田虽是国土空间规划"三区三线"的组成部分，但同时在"三线一单"中对应土壤环境分区的农用地优先保护区、农用地污染风险重点管控区。

# 6.3 入河排污口与分区管控衔接问题分析

2018 年国务院机构改革前，入河排污口与水功能区由水利部负责监管，原环境保护部负责陆上排污单位水污染物排放监管，住房和城乡建设部负责排污单位入管、排水管网与污水处理厂监管，由此形成"水利部门不上岸，环保部门不下水"的"多龙治水"的流域（区域）水系统破碎化的监管体制。但是，水系统是一个整体，入河排污口只是其中一个关键环节，它与上游排污单位、排污口以及下游水功能区、水质目标有着密不可分的关系。这种流域（区域）水系统破碎化的监管体制无论是效率还是效果都很差。具体表现在：一是水系统监管结构不合理，本为一个整体的水系统被人为割裂成"水上"与"岸上"，水陆监管脱节，相关部门各自为政，无法实现"水陆统筹"；二是排污口监管职能交叉、冗余或缺失现象十分严重，致使流域水系统监管无法形成合力，效率低下。这就催生了2018 年国务院机构改革中的水环境监管体制改革，将原隶属水利部的水功能区划、排污口设置管理与流域水环境保护等职能整合划归生态环境部。此次职责的拆解和重构，打通了岸上和水里、陆地和海洋，为基于"水陆统筹"的陆域水污染源、入河排污口与水功能区的协同统一监督管理奠定了良好的基础。

**入河排污口监管与"三线一单"的衔接问题分析。**在"三线一单"中，与入河排污口监管直接相关的是水环境质量底线。然而，就目前开展的"三线一单"编制工作来看，很少考虑入河排污口污染排放情况，即使是核算了水环境容量，大多也是理想水环境容量。按照国家与各省（区、市）"三线一单"的编制要求，尽管各省（区、市）在编制"三线一单"

时，在水环境容量核算的基础上，都考虑了未来社会经济发展的不确定性，兼顾了不同发展情景下的减排潜力，给出了各目标年的减排方案，但由于没有考虑入河排污口这一核心关键环节，缺乏控制断面水功能区入河排污口—水质输入响应关系做支撑，减排方案与水环境质量底线脱节，很难确保守住水环境质量底线。入河排污口是衔接水陆，实现"以水定岸，水陆统筹"的重要一环。只有在建立入河排污口与水功能区控制断面水质之间输入响应关系的基础上，反演或优化入河排污口允许纳污量，并以此作为排污许可限值，才能与水环境质量持续改善挂钩，确保"三线一单"中的水环境质量底线。由此可见，为确保"三线一单"中水环境质量底线，在"三线一单"中必须充分考虑入河排污口及其纳污能力，以水功能区水质目标为约束，明确岸上各污染源允许纳污量，并基于这一容许纳污量核发排污许可证。除此以外，"三线一单"中水环境空间管控单元划分也可作为在水环境优先控制区与重点控制区实施基于容量总量控制的排污许可全链条、全过程集成监管的科学依据。

**入河排污口监管与水功能区的衔接问题分析**。入河排污口是陆域水污染源污废水排放口与受纳水体水功能区衔接的关键环节，是"水陆统筹"的核心所在，其监管不能独立于流域（区域）水环境监管之外。这是此次经过改革将水功能区与入河排污口监管划归生态环境部，对水环境实施"水陆统筹"下统一监管的初衷。建议入河排污口监管制度充分衔接排污许可制、环境统计与河长制等相关管理制度，结合正在开展的排污许可证核发、"三线一单"编制、排污单位清理整顿与污染源普查等相关工作，全面摸查入河排污口底数，厘清"水污染控制单元—排污单位（包括废水直接排放口和雨水排放口等）—入河排污口—受纳环境水体—水功能区—水质控制断面"的对应拓扑关系，为建立全过程、全链条的水环境监管体制奠定基础。同时，将入河排污口信息纳入环境统计与环境质量报告书，将入河排污口的考核工作纳入河长制考核，以确保水环境质量持续改善。

## 6.4  水环境监测体系与空间管控关系分析

国家地表水环境监测网络体系是我国环境管理的重要组成部分。我国现行的监测与管理模式多将国家流域管理机构与地方部门条块分割，缺乏流域完整性，以行政区为基础划分，但水体流域边界往往与行政管理区域不一致，造成各个行政单元之间、上下游、左右岸之间的矛盾冲突。"水生态功能分区"正是在这种背景下提出来的，作为实施流域水生态系统功能管理的具有水陆一致性及"三水"统一性的管理单元，将成为指导中国国民经济发展和水生态环境改善的关键。它不仅反映了水生态功能空间分布格局的差异，也在一定程度上考虑了人类活动对水生态系统的影响，实现了自然要素与功能要素的结合，提出了面向水生态保护的管理区域，因而更具有管理意义。

湟水流域生态环境监测网络建设从青海省的生态环境监测实际需求出发，针对生态服务功能重要、生物多样性独特、生态系统脆弱敏感、全球气候变化响应明显等特点，在整合优化现有监测能力和监测网络的基础上，提升拓展生态环境监测能力，完善"生态之窗"等实时观测系统，打造覆盖全流域的"天空地一体化"生态环境监测网络。此外，通过建立包含草地、林地、湿地等生态系统以及温室气体、热温传递和生态耦合变化的监测指标体系和生态环境大数据中心及数据资源承载平台，完善现有的监测站点体系、评估预警体系、技术保障体系等基础能力建设，实现对重要区域各环境要素和生态变化的监测与评价，揭示生态系统演替的内在规律和识别外部关键驱动因子，突破单纯把恢复和保护水体服务功能作为制定水污染控制方案的主要依据的传统分区模式，重点体现保护水生态功能和水生态系统完整性的理念，从根本上推动水环境管理向水生态管理理念的转变，进一步丰富和深化了湟水流域未来水环境管理的内涵。

湟水流域水环境监测网实行"自动监测为主、手工监测为辅"，手工监测以"采测分离为主,属地监测为辅"模式。实现水质自动监测全覆盖,同时每季度开展一次"采测分离"手工监测,监测指标为高锰酸盐指数、氨氮、总氮、总磷和特征污染物。生境调查、大型底栖无脊椎动物、着生藻类和浮游生物的监测执行属地监测。通过"国家考核断面样品采集保存与交接监管信息系统"对采测分离进行全程序、全要素管理,做到全程序留痕,全程序可追溯。管理系统主要由采测分离管理、质量控制、数据管理和分析、数据应用和共享等模块组成。建立"三个中心"实现对水质自动站现场运维的远程化管理,远程质控考核管理以及数据的综合应用。运行维护管理中心负责对日常运维工作进行考核、管理与评价;质量控制与保障中心采用系统状态监控、自动质控、实验室比对监测、数据有效性分析等手段对监测数据的质量进行控制与保障;数据综合应用中心负责对现场端上传的基础数据及相关信息进行深入挖掘应用。随着环境条件与管理需求的变化,当原来布控的监测断面不能够代表所在水体的水生态状况时,根据水环境监测网络动态优化调整方案中确立的动态优化调整方法、要求以及具体工作办法进行优化调整,形成例行机制,以确保湟水流域水环境监测网的监测数据客观反映地表水环境质量状况,更科学地为水污染防治行动计划实施和湟水流域生态保护红线管控、生态文明建设目标考核及领导干部离任审计等生态领域改革提供支撑。着力搭建全球气候变化下的生态系统和大尺度迁移规律的研究平台,着眼于全省乃至全国气候变化,深挖青藏高原的生态监测数据,查明主要生态系统演替、关键控制因素,为全省乃至全国气候变化研究提供数据支撑,为青海省碳交易、履约提供决策支持。通过不懈努力,力争把湟水流域生态环境监测中心打造成国内影响力强、国际气候公约成员国知名的开放性生态环境研究示范基地。

# 参考文献

［1］葛淼，吴庆梅，张娅.面向"十四五"水功能区与水环境控制单元整合探讨 [J].绿色科技，2020(10): 75-77.

［2］穆宏强.长江流域水功能区划及管理 [J].水利水电快报，2020，41(2): 50-53，64.

［3］王俭，韩婧男，王蕾，等.基于水生态功能分区的辽河流域控制单元划分 [J].气象与环境学报，2013，29(3): 107-111.

［4］王霞，郭传新，张丽杰.基于水生态功能分区的流域水环境监测网络体系构建 [J].环境与可持续发展，2018，43(2): 46-48.

［5］徐鹤，郭雪燕，王焕之，等."三线一单"与国土空间规划衔接的几点思考 [J].环境保护，2021，49(12): 28-33.

［6］曾维华，胡官正，陈异辉.基于"水陆统筹"的入河排污口监管体制研究 [J].环境保护，2021，49(15): 37-41.